KB129610

초보 엄마 아빠를 위한

100점 육아 공부

초보 엄마 아빠를 위한
100점 육아 공부

초 판 1쇄 2019년 10월 16일

지은이 장기덕
펴낸이 류종렬

펴낸곳 미다스북스
총괄실장 명상완
책임편집 이다경
책임진행 박새연 김가영 신은서
본문교정 최은혜 강윤희 정은희

등록 2001년 3월 21일 제2001-000040호
주소 서울시 마포구 양화로 133 서교타워 711호
전화 02) 322-7802~3
팩스 02) 6007-1845
블로그 http://blog.naver.com/midasbooks
전자주소 midasbooks@hanmail.net
페이스북 https://www.facebook.com/midasbooks425

ISBN 978-89-6637-718-3 03590

값 15,000원

초보 엄마 아빠를 위한

100점 육아 공부

장기덕 지음

미다스북스

프롤로그

아이의 행복은 부모의 행복과 함께한다

60억이 되는 이 세상의 사람 수만큼 사람들은 각자의 개성과 특성을 지니고 살아간다. 한 아이의 부모가 되고 그 아이를 아이만의 색깔을 가지게 하며 잘 키우는 것이 부모로서의 의무이자 권리이다.

내 뱃속에서 태어난 아이지만 나의 뜻대로 아이가 자라지 않는 것에 대해 속상해하는 부모들이 많다. 아이가 편하게 살게 할 수 있는 방법을 친절하게 안내하고 보여주는데도 아이들이 부모 자신들의 마음을 모르고 다르게 행동한다면서 한탄을 한다.

'성인이 된 부모는 자신의 행동을 잘 통제하고 늘 올바르게 행동을 하고 있는가?'라는 질문에 먼저 답을 해보는 것이 필요하다. 많은 여성들은 TV 속의 탤런트, 가수들을 보면서 그들의 몸매를 부러워한다. 하지만 그들이 말하는 규칙적인 운동, 다이어트 음식에 관해서는 듣지만 소중한 정보로써 관심을 가지는 경우는 드물다. 대부분은 한 귀로 듣고 한 귀로 흘린다. 우리는 기본이라고 하면서 기본을 무시하는 경우가 많다. 아주 기본이지만 이 기본을 제대로 지켜야만 소기의 목적에 도달할 수 있다. 주변에서 이야기한 것을 들은 적이 있고 기억하고 있다고 해서 안다고 생각한다. 그리고 내가 알고 있기에 바로 실천할 수 있다고 믿는다. 그러나 머리로 듣고 안다고 해서 실천으로 바로 이어지는 경우는 적다. 아침에 일찍 일어나서 운동을 하면 건강에 좋다는 것은 세 살 된 동자들도 안다. 주변에는 건강을 잃어간다고 하면서 규칙적인 기상도 운동도 하지 않는 사람들이 있다. 아이러니하게도 건강의 중요성을 말하면서 운동을 하지 않는 이중적인 모습을 보이기도 한다.

우리가 반드시 기억해야 할 것은 기본적인 것이지만 꾸준히 지속되고 진행되어야만 내가 원하는 소기의 귀중한 결과를 얻을 수 있다는 것이다. 어려운 과정이 없는 귀중한 결과는 존재하지 않는다. 하물며 나의 몸도 나의 의지대로 움직이기가 쉽지 않은데 아무리 나의 핏줄이라고 하더라도 나와 다른 존재인 자식을 내 마음대로 하려고 하는 것은 욕심이 너무 지나치다고 본다. 다만 부모의 입장에서는 귀중하고 소중한 나의 자식이 스스로 상황 판단을 잘 내리고 자신에 대해 부정적인 인식을 갖기보다는 긍정적이고 자존감이 높은 사람이 되기를 원한다.

나는 상담을 전공하면서 15년간의 현장 상담, 10년간의 초등교사, 8년간의 유아교육과 교수 생활을 하면서 영유아에서부터 아동, 청소년, 성인들의 문제를 극명하게 알게 되었다. 단순히 이론적으로만 아는 것이 아니라 유아, 아동, 청소년, 대학생, 학부모들을 상담하면서 그들의 삶의 어려움과 애환을 알게 되었고, 교사로서 아동과 교수로서 대학생들과 생활하면서 가까이에서 그들의 삶을 관찰하게 되었다. 이러한 경험을 통해 부모의 양육 방식이 영유아에서 성인에 이르기까지 직간접으로 영향을 미친다는 것을 통찰하게 되었다.

본 책에서 나는 부모들이 자신에 대해서 살펴보면서 아이가 올바르게 자랄 수 있도록 안내하고자 한다. 부모도 노련한 양육자가 아닌 초보이고 아이도 처음 만나는 세상이라 너무나 낯설고 힘들다. 이에 나는 양육에 대한 나의 경험을 이야기하고, 이를 토대로 초보 부모들이 실수를 적게 하고 조금이라도 기분 좋게 양육하도록 도우려고 한다.

이 책은 모두 5장으로 구성되어 있다. 1장 '멋지고 우아한 육아는 없다'에서는 부모의 어려움을 이해하고 간단한 방법을 제시하고 있다. 육아에 대한 공감대를 제시하였다. 2장 '엄마도 아빠도 육아 공부가 필요하다'에서는 아이의 인지, 정서, 행동 등의 특성을 제대로 이해해야지만 아이의 발달 단계에 맞는 육아를 할 수 있음을 말하고 있다. 아이를 단순히 키우는 것이 아니라 아이에 대해 공부를 하면서 부모도 육아의 전문가로 진화되어야 한다. 3장 '아이를 바르게 성장시키는 대화 기술'에서는 부모로서 아이와 대화하는 방법에 대해 소개를 했다. 4장 '아이의 자존감을 키워주는 행동 요령'에서는 자존감의 중요성과 그에 걸맞게 아이와 부모의 자존감을 향상시키는 방법에 대해 설명했다. 마지막 5장은 부모로서의 역할에 대해 살펴보았다. 아이가 보다 긍정적으로 성장할 수 있는 부모의 역할에 대해 생각해보았다.

자녀를 행복하게 키우기 위해서는 먼저 부모가 행복해져야 한다. 자녀의 자존감을 키우기 위해서는 부모의 자존감이 먼저 높아져야 한다. 부모는 아이의 모델링이며 아이가 가장 먼저 닮을 수 있는 존재이다. 나는 이 책에서 부모의 변화와 자녀의 변화에 대해 언급을 하였다. 아이들에게 "엄마, 아빠가 나의 부모님이라서 너무 감사해요."라는 말을 들을 수 있기를 바라며, 이 책을 읽는 많은 부모와 아이들 모두 올바르게 성장하고 행복한 삶을 살면서 만족하는 육아를 하기를 응원한다.

삼락동 연구실에서

장 기 덕

목 차

2장 엄마도 아빠도 육아 공부가 필요하다

3장 아이를 바르게 성장시키는 대화 기술

4장 아이의 자존감을 키워주는 행동 요령

5장 아이 탓, 부모 탓 하지 않는 똑똑한 육아!

에필로그

초보 엄마 아빠를 위한 …

1장

멋지고 우아한 육아는 없다!

1

나는 왜 매일매일 무너지는가?

온갖 실패와 불행을 겪으면서도 인생의 신뢰를 잃지 않는 낙천가는
대개 훌륭한 어머니의 품에서 자라난 사람들이다.

– 앙드레 모루아

아이와 규칙을 정하라

오늘도 아침부터 맞벌이 엄마인 은영 씨는 초조하게 하루를 시작한다. 어린이집을 가는 희준이는 아직 잠에서 깨어나지 않은 상태로 누워 있고, 은영 씨는 아직 화장도 덜 끝났는데 출근 시간과 어린이집 등원 차량 시간이 점차 다가오고 있다. 그저 모든 것이 짜증나고 희준이가 제시간에 일어나 스스로 옷을 입고 준비를 잘 하기를 바라는 자신이 한심스럽고 이렇게 아침마다 난리치는 것에 화가 났다. 매일매일 반복되는 이 삶은 엄마인 은영 씨를 점차 지치게 하고 육아가 끝이 없는 전쟁처럼 생각되게 했다.

직장인 엄마라면 누구나 공감을 하면서 우리 주변에서 쉽게 볼 수 있

는 어린아이들을 가진 가정의 모습들이다. 아이들이 나의 뜻대로 움직여서 시간을 지켜주면 좋겠지만 생각처럼 잘 되지 않는 경우가 허다하다. 이러니 부모로서 내가 잘 하고 있는 것인지 가끔씩은 아이와 싸우는 나의 모습이 웃기게 생각되기도 하는 것이다. 직장인 엄마는 아이를 등원시키고 직장에 도착하여 또 다른 나의 모습으로 일을 하게 되고 가정주부인 엄마는 한바탕 전쟁을 치르고 나서 집에 돌아와 자신의 모습을 거울로 보면서 '내가 무엇을 하고 있는가?' 하는 생각이 들게 된다. 아이를 위한 삶인지 나를 위한 삶인지 구분이 되지 않는다. 이에 육아에 대한 어려움이 증가하고 부모로서 불만이 증가한다.

마트에서 있었던 일이다. 아이들과 함께 카트를 끌고 가는데 저 멀리에서 5-6세 정도의 아이 울음소리가 들렸다. 조용히 카트를 끌고 울음소리가 나는 곳으로 가보니 회색 옷을 입은 남자 아이가 장난감 코너 앞에서 대성통곡을 하면서 울고 있었다. 그 장면만 보아도 무슨 일인지 대략 짐작이 갔다. 아이는 장난감을 사달라고 떼를 쓰고 엄마는 그냥 두고 간다고 협박을 하고 있었다. 엄마는 그 상황이 얼마나 힘들겠는가? 아무리 엄마라도 너무나 부끄럽고 힘이 들 것이다. 부모가 아니라면 당장이라도 아이를 두고 집에 돌아가고 싶었을 것이다. 엄마의 화내는 모습과 함께 아이는 엄마에게 끌려 울면서 그 장소에서 사라졌다.

아이들을 키우는 부모라면 이러한 경험들은 한두 번씩 다 가지고 있을 것이다. 꼭 마트가 아니더라도 놀이공원, 연극, 수영장 등 아이들과 함께 가는 장소에는 아이들의 호기심을 끌 만한 물건들이 아이들이 잘 볼 수 있는 곳에 놓여져 있다. 그러면 부모와 아이들은 자연스럽게 전쟁 아닌 전쟁을 하게 된다. 사려는 자와 못 사게 하는 자로 나누어서 말이다.

나도 이와 같은 경험을 많이 가지고 있고, 아이들과 함께 이러한 곳에 갈 때 어떻게 해야 하나에 대해 고민을 많이 한다. 그리고 스스로 몇 가지 규칙을 정한다. 그중에 하나가 바로 아이들과 약속하기이다. 예를 들어서 마트에 간다고 하면 오늘 마트에 가는 이유를 자세하게 설명을 해준다. 가서 사야 되는 품목과 함께 왜 그것을 사야 하는지에 대한 것을 알려준다. 그런 뒤 가장 중요한 약속을 하게 된다. 오늘은 우리가 필요한 물건을 사러가는 것이지 너희들이 원하는 물건을 사러 가는 것은 아니라고. 혹시 너희들이 가지고 싶은 물건을 발견했더라도 물건을 사지 않을 것이라는 약속을 한다. 우리의 경우에는 출발하기 전에 이러한 점을 강조하기 때문에 대부분의 경우에는 약속한 대로 필요한 물건만 사온다. 하지만 모든 것이 내가 생각한 대로만 이루어지지 않는다. 가끔씩은 둘째 아이가 약속을 지키지 않고 물건을 사고 싶어서 가만히 서 있다가 가자고 하면 가지 않고 짜증을 내는 경우도 있다. 심지어는 대성통곡을 하면서 사달라고 떼를 쓴다. 이럴 경우에는 약속을 떠올리도록 설명하고 설득을 하지만 우리 내외도 주변의 시선을 의식하여 물건을 사준다. 그리고 아이와 "이번이 마지막이야."라고 약간은 지키지 못할 약속을 하게 된다.

아이와 부모는 공동의 역사를 가진다

우리 내외가 모두 교육에 몸을 담고 있고, 나의 경우에는 전문가임에도 불구하고 아이들은 예상을 빗나가는 행동을 한다. 그러므로 부모님들은 아이가 떼를 써서 부모의 입장에서는 해주고 싶지 않은 것을 해주었다고 해서 싸움에 진 것처럼 어깨를 쭉 내릴 필요가 없다. 만약 주위의 시선을 의식하지 않고 1-2시간을 마트에서 아이와 훈육이라는 명목하에서 실랑이를 한다면 단연코 사지 않고 왔을 것이라 생각한다. 하지만 일상적인 삶이 공존하기 때문에 이러한 것이 발생할 수 있다고 생각하면 마음이 편안해진다. 다만 주의할 점이 있다. 아이가 떼를 쓰면 다 된다는 경험을 지속적으로 한다면 문제는 다를 수 있다. 이럴 경우에는 억지로라도 끌고 바로 집으로 돌아오는 경험도 필요하다.

같은 뱃속에서 출생했다고 하더라도 아이들이 모두 같은 것은 아니다. 이 점은 아이를 키우는 부모들을 한 번 더 고민에 빠뜨린다. 왜냐하면 자녀의 수가 늘어나면 늘어날수록 경우의 수는 더욱더 증가하기 때문이다. 우선은 나와 나의 배우자의 성향을 잘 살펴보는 것이 중요하다.

우리 집의 경우 생선 냄새나 모양이 특이한 것을 잘 먹지 못하는 첫째 아이는 식성에서는 아내를 많이 닮았고, 반면에 생선 비린내도 잘 맡고 낯선 것에 대해 상대적으로 거부감이 적은 둘째 아이는 나의 성향을 많이 닮았다.

그래서인지 회를 좋아하는 나는 마트에서 자연스럽게 카트를 밀고 회 코너를 지나가는 경우가 많다. 이럴 때 첫째 딸 예지는 오만상을 쓰면서 회 코너 근처에 오지 않고 저 멀리 도망을 가버린다.

"으… 냄새. 너무 싫어."

반면에 둘째 딸 가윤이는 나와 눈을 맞추며 빙그레 웃는다.

"오. 냄새 크게 나쁘지 않은데."

당연히 나는 마트에 갈 때 아이의 특성에 맞추어서 가는 동선을 정해 둔다. 첫째 아이의 경우에는 냄새에 매우 취약하기 때문에 특별한 경우가 아닐 때에는 수산물 코너에 가지 않는다. 혹시 갈 일이 있으면 나만 가거나 둘째 딸하고 간다. 반면에 아직 나이가 어리고 자율 통제성이 부족한 둘째는 장난감을 사기를 원한다. 그래서 쇼핑을 할 때 장난감 코너를 일부러 우회를 하거나 웬만하면 그 근방을 가지 않는다.

아이들의 특성을 고려하지 하지 않고 부모들의 요구만 가지고 아이들을 키우게 된다면 내가 바라는 육아상과는 전혀 다르게 진행될 것이다. 집에 있는 것도, 외출을 하는 것도 모든 것이 고통의 연속이 될 수 있다. 그리므로 육아의 부담을 조금이라도 줄이기를 원하다면 선행되어야 하는 것이 있다.

아이를 키우기 어렵거나 힘들다는 생각이 들 때에는 자신과 배우자의 성향, 성격, 유전자 특성, 생활 형태를 살펴보는 것이 중요하다. 아이는 하늘에서 그냥 뚝 떨어진 존재가 아니라 나와 배우자 그리고 이전의 가족의 역사, 유전력의 총합체라고 생각하면 된다. 그래야만 아이를 이해할 수 있으며, 부모로서 어떻게 대응해야 하는지 방안을 생각해낼 수 있다. 즉, 아이가 별난 것이 아니라 우리 가족이 가지고 있는 역사적인 문제점이나 어려움으로 인식하여 일반화시킬 수 있다.

다음과 같은 고민은 '나는 어떻게 이러한 상황에서 벗어날 수 있었는가? 어떻게 하면 고통의 강도를 줄일 수 있었는가? 어떤 점을 원했는가?'는 육아 문제를 정확히 짚어낼 수 있다. 물론 잘못 진단을 하게 되면 잘된 점은 나를 닮았기 때문이고, 잘못된 점은 배우자를 닮았다고 남의 탓을 할 수 있다. 그러니 이점은 유의해야 할 것이다.

아이를 키우는 것은 멋지고 우아한 것이 아니라 부모가 한 명의 인간으로서 아이와 함께 성장해나가는 과정이라는 것을 알아야 한다.

2

아이도 욱! 엄마 아빠도 욱!

제일 안전한 피난처는 어머니의 품속이다.

– 풀로리암

부모도 아이가 힘들다

"누가 가지고 갔니? 이러면 아무도 집에 못 갈 수 있다."

아이들의 얼굴에는 두려움과 함께 불만이 가득 차 있는 것을 볼 수 있다. 2교시 체육을 하러 간 사이에 우리 반 교실에서 효진이의 지갑이 없어진 것이다. 효진이는 자신의 지갑에 5천원이 있었다고 하면서 울면서 찾아달라고 한다. 아이들은 누가 교실에 늦게까지 있었는지, 누가 가지고 갔는지에 대해 작은 목소리로 서로 이야기를 했다. 그러면서 누구 한 명으로 자연스럽게 지목이 되었다. 준혁이였다. 준혁이는 1학년 때부터 친구들 사이에서 물건을 가지고 가는 아이라 지칭되었으며 실제로 1학년 때 가지고 간 물건들이 필통 및 가방에서 나왔다.

나는 아이들에게 지신의 물건과 가방을 다 열어보라고 했다. 하지만 그 누구에게도 없어진 지갑이 있지 않았다. 사건은 미궁으로 빠져들었다. 쉬는 시간에 명희라는 아이가 조용히 내게 다가와서 준혁이가 화장실에 지갑을 숨긴 것 같고 지금 가지고 온 것 같다고 했다. 나는 다른 아이들은 모르게 준혁이를 불러서 물어보았다. 준혁이는 억울하다는 표정을 지으면서 눈물을 글썽거리기 시작했다. 그 모습은 눈망울이 매우 맑은 사슴과 같았다. 미안한 마음도 들었지만 가방을 한 번만 더 보자고 하면서 살펴보려고 하니 준혁이는 가방을 보지 못하게 했다. 끝내 가방 안을 살펴보니 효진이의 지갑이 들어 있었다.

효진이에게 지갑을 돌려주게 하고 난 뒤 준혁이의 어머니와 통화를 했다. 준혁이의 어머니는 이런 상황이 익숙한지 미안하다는 말을 하면서 바로 찾아오겠다고 하였다. 교실에 들어오자마자 준혁이 엄마는 준혁이에게 고함을 지르면서 때리려고 했다. 때리려고 하니 준혁이는 피하려고 하고 같이 소리를 질렀다. 어머니는 나에게 하소연을 하기 시작했다. 자신이 너무 어릴 적에 결혼을 했고 아이를 일찍 낳아서 잘 가르치지 못한 것 같다고 하였다. 그래서인지 집에서도 거짓말을 자주하고 물건 같은 것도 잘 가지고 온다고…. 아마도 집안 형편이 안 좋아 잘 해주지 못한 것 때문에 그런 것 같다고 하였다.

그러면서 자신은 어떻게 해야 하는지 모르겠다고 그냥 모든 것이 다 엉킨 것 같다고 하였다. 당시 나는 결혼을 하지 않았지만 준혁이의 부모라면 아이를 키우는 것이 쉽지 않다는 생각이 들었다. 그리고 나는 꾸준히 준혁이를 하루에 한 번씩 불러서 이야기를 나누었고 잘 한 점들을 지속적으로 칭찬해주었다. 이러한 노력 덕분인지 내가 2학년 담임을 하는 동안 준혁이의 문제 행동이 많이 줄었다.

아이의 욕구와 다른 일상의 삶

이제 결혼을 하고 두 딸의 아빠가 된 나는 아이를 내가 원하는 그림 속의 모습과 일치시키려고 하는 것을 깨달았다. 나의 기대는 내 아이가 기본 욕구인 먹는 것, 자는 것, 배설하는 것은 잘하고 생활적인 측면에서도 다른 사람들에게 욕을 먹지 않았으면 하는 것이다. 내가 그려낸 그림대로 살기를 원하는 것이다. 많은 부모들이 나와 같은 생각을 가지면서 육아를 할 것이며 너무나 당연히 쉬운 것을 아이들이 해내지 못함에 못마땅해할 것이다.

하지만 우리가 놓치는 것이 하나 있다. 아이들에게는 우리가 기본 욕구라고 부르는 것도 욕구가 아닌 도전일 수 있다는 것이다. 여러분들 앞에 지금까지 보지 못했던 음식, 만약에 한 번도 멍게나 해삼을 먹어본 적이 없다고 한다면 먹을 수 있겠는가? 요즘 인기가 많은 〈한국은 처음이지〉라는 프로에서 몇몇 외국인들이 한국에서의 새로운 경험을 위해서 찾아가는 놀라운 곳이 있다. 그곳은 바로 수산 시장이고 그중에서 산낙지나 회를 먹는다는 것은 그들에게 엄청난 도전이다. 화면 속의 그들을 보면서 우리들은 왜 저렇게 맛있는 음식을 먹지 못하는지에 대한 의문을 가지곤 한다. 왜일까? 이처럼 그들이 경험을 하지 못한 문화인 것이다. 바로 우리 아이들도 제대로 하지 못하거나 하지 않는 것은 그들에게 새로운 도전인 것일 수 있다. 그러니 이미 답을 알고 있다고 생각하는 부모의 입장에서 답답하고, 바르게 훈육하고 지도한다는 입장에서 감정을 통제하지 못하고 언성을 높이는 경우가 있는 것이다.

부정적인 감정을 지니게 되면 자연스럽게 좋은 모습을 보지 못하고 지나치게 부정적인 모습만을 더욱더 확대해서 보게 된다. 나와 집사람은 집에 있으면서도 항상 불안하게 신경을 쓰는 일이 하나 있다. 아이들이 조금만 뛰거나 소리를 지르면 자연스럽게 절대 뛰지 못하게 아이에게 강압적인 언어를 사용하여 행동을 제약하게 된다. 다름이 아니라 아랫집과의 층간 소음 문제 때문이다. 이사를 오고 난 후 아이들이 이전의 집에서처럼 가끔씩 뛰어다녔다. 물론 이전에는 아랫집에서 연락이 한 번도 온 적이 없었지만 우리도 아이들이 너무 과하지 않게 하도록 주의를 시켰다. 거실에는 기본적으로 매트를 깔아두었고 나름 여자아이들이라서 크게 층간 소음으로 고민을 하지 않았다. 그런데 어느 날 경비실에서 전화가 왔다. 아이들이 너무 뛰어다닌다고 아랫집에서 연락이 왔다는 것이다. 그 순간 아이들을 조심시켰다. 그런 뒤에도 조금만 소리가 나도 경비실에서 연락이 왔다. 이에 우리 부부는 거실과 방의 대부분을 매트로 깔고 아이들을 못 뛰게 하였다. 어느 날은 아이들이 살짝 매트 위를 뛰었는데 소리가 너무 난다고 연락이 왔다. 그 당시는 사과도 하고 아랫집과 잘 지내려고 노력을 하고 있던 상황이었다. 크게 아이들이 움직인 것도 시간이 너무 늦은 것도 아니었지만, 아이들에게 나도 모르게 짜증을 내면서 뛰지 말라고 소리를 질렀다.

그 뒤에 아이들은 뛰지 못하고 조용히 걸어다녔다. 그런데 또 띵동 문자가 왔다.

"조용히 시켜주세요."

순간 나는 너무나 화가 나서 아랫집으로 뛰어내려갔다. 그리고 아랫집 분에게 화를 버럭 냈다.

"아이들이 걸어다녔는데 소리가 났다는 것이 말이 안 됩니다."
"소리가 났어요."

이런 식으로 대화가 주거니 받거니 되었다. 그런데 아랫집의 거실에 들어가서는 어느 정도 이해가 되었다. 거실의 조명은 굉장히 어두웠으며 TV는 켜져 있는데 소리는 거의 들리지 않았다. 이러니 저녁에 쉴 수가 없다, 밤에 자는데 소리가 난다, 아이들의 발걸음 소리가 난다고 하면서 하소연을 했던 것이었다. 나는 사실 그 순간 말문이 막혔다. 대화 중에 이전에는 주택에 살았기 때문에 자신의 아이들은 층간 소음으로 항의를 받은 적이 없고 생각해본 적이 없다고 하였다. 더 이상 대화가 통하지 않았다.

나는 와이프와 아이들에게 아랫집의 사정을 이야기하고, 우리가 조금 더 노력을 하자고 하며 그날의 일을 마무리지었다. 하지만 그 후에도 토요일 오후 청소기를 돌려 청소를 해도, TV를 보아도, 아이와 보드 게임을 하다가 소리가 나도, 문자로 와이프에게 조용히 해달라는 문자를 보냈다. 이러니 우리 내외는 아이들이 조금만 집안에서 소리를 내거나 뛰려고 하면 타이르기보다는 언성을 높여 부정적으로 하지 못하게 하였다.

아이들은 성장의 시기에 있기 때문에 가만히 있기보다는 움직이면서 대근육을 발달시키고 에너지를 발산하려고 하는 것이 너무나 당연한 일이다. 나는 이 점을 명백하게 알기 때문에 아이들에게 우리 집의 상황을 이야기하고 뛰지 않도록 하는 동의를 구한다. 물론 아이들은 순간적으로는 이해를 하지만 일정한 시간이 지나면 잊어버린다. 그래서 우리 내외는 퇴근을 하고도 편안한 마음을 가지지 못한다. 특히 아이들이 기분이 좋아서 조금이라도 흥분되는 행동을 하려고 하면 나도 모르게 긴장을 하고 얼굴 표정이 굳게 된다.

그러면 아이들은 나의 표정을 보고 행동을 자제하게 되는 것이다. 육아는 내가 생각하는 대로만 풀리지 않는다. 그것이 아이의 성향일 수도 혹은 주변 환경에 의해서도 그렇게 될 수 있다. 그러니 너무 육아가 내 뜻대로 되지 않는다고 혹은 아이들이 내 말을 제대로 따르지 않는다고 화를 내지 않기를 바란다. 성인인 나도 내 몸도 내가 원하는 대로 하지 못하는 경우가 많지 않은가? 대학생인 나의 제자들도 학기 초에 약속을 하면 쉽게 잊어버리고 잘못된 행동을 한다. 성인도 한 번 만에 되지 않는 것을 아직 다 자라지 않은 우리 자녀들에게 100% 기대하지 말고 아이가 내 마음대로 되지 않는 것이 너무나 당연한 일이라고 하는 것을 겸허히 받아들일 수 있어야 한다. 아이들도 자신이 가지고 싶고, 하고 싶은 것이 새롭게 생길 것이고 이를 해결하기 위해 나름 노력을 할 것이다.

3

누구나 육아는 처음이다

한 아이를 키우기 위해서는 온 마을이 필요하다.

– 아프리카 속담

아이가 주변에 많이 없다

2018년 우리나라 출생률이 통계청 자료에 따르면 0.98명으로 전 세계에서 가장 낮은 출생률을 기록하게 되었다. 이는 두 사람이 결혼을 해서 1명의 아이도 낳지 않는다는 말이다. 이러한 추세가 지속되면 점점 더 주변에서 아이를 보기가 힘들어지게 될 것이고, 아이를 가진 부모는 자녀를 보석과 같이 여기게 될 것이다.

내가 근무하고 있는 김천시에는 작년에 놀라운 사건이 발생하였다. 바로 시에 하나밖에 없던 산후조리원이 경영의 어려움으로 사라진 것이다. 이 사건은 여러 가지 측면에서 생각해볼 수 있는 계기를 제공하였다. 지역에서 출생률이 심각하게 낮아졌다는 것과 함께 출산을 하더라도 인근에 있는 큰 도시 대구, 구미에 소재하고 있는 산후조리원에 가야 한다는 것이다. 근본적인 원인은 출생률이 낮다는 것이다. 여기에서 우리는 이전 시대에서의 육아와 달라지는 현상에 주목해야 한다. 지금은 3명은 당연히 다자녀 가정이고, 심지어는 2명의 가정도 다자녀 가정이라고 부르자는 주장이 나오고 있다. 0.98명이라는 숫자는 OECD 평균 출산률이 중요한 것이 아니라 많은 여성들이 육아의 경험을 가져보지 않는다는 것을 의미한다. 이에 지금까지와는 다른 육아의 방식을 고민해야 한다.

우리 부모님 세대는 자녀가 2-3명 있는 것이 일반적이었다. 그러니 그들의 경험에서는 첫째는 첫 육아일 수 있으나 둘째, 셋째를 키우면서 노하우와 함께 육아에 대한 여유도 생기게 되는 것이다. 하지만 지금은 한 가정에서 1명의 아이도 출산하지 않으니 육아에 대한 두려움이 그 어느 때보다 더 크고 고민될 수밖에 없는 시대이다. 물론 아이를 키우는 것이 기회를 가지는 것을 의미하는 것은 아니지만 한 번의 기회밖에 없기에 요즘 부모들의 육아 근심은 더욱더 짙어가는 것이 아닌가 한다.

육아에 대한 고민을 나 또한 많이 하였다. 우리 내외는 아이를 바로 가지지 않고 신혼 생활과 함께 각자의 삶을 조금 유지한 뒤 아이를 가지는 것으로 합의했다. 그리고 3년 간 우리들만의 시간을 가진 후 아이를 가지려고 노력을 하였고, 드디어 결실을 맺게 되었다. 아침에 와이프가 임신 테스트기를 가지고 와서는 2줄인 것을 보여주었다. TV에서 보았을 때 아빠가 되었다는 순간에 많은 남성들이 함성을 지르는 것을 보았는데, 막상 나의 일이 되니 기쁘면서도 아빠가 된다는 두려움이 약간 앞섰다. 아마도 아빠가 된다는 것에 대한 부담감이 있었던 것 같다. 어쨌든 기쁜 마음으로 병원에 가서 임신 사실을 확인하였다. 하지만 기쁨은 오래가지 못하였다. 산부인과를 두 번째 찾아가던 날, 아이의 심박동을 듣고 의사의 얼굴 표정이 굳어져갔다. 그리고 몇 가지 검사를 더 하자고 했다. 검사를 마치고 담당 의사는 검사 결과를 가지고 조심스럽게 우리 부부에게 이야기를 했다.

"아마도 아이가 유산이 된 것 같습니다."

하늘이 무너지는 듯한 느낌, 아이를 잃는다는 느낌을 조금은 알게 되었다. 우리가 당연히 쉽게 아이를 가지는 것이라고 했던 일도 쉽지 않음을 알게 되었다. 운전면허증을 가지고 계신 분들이 많을 것이다. 그런데 막상 내가 취득을 하려고 하면 과정도 길고 쉽지 않음을 안다. 그러면서 자연스럽게 운전면허증을 가진 사람들이 대단하게 생각되고 무엇보다 대로에서 운전을 하는 것이 신기에 가까워 보일 때가 있다. 물론 운전면허증을 취득하고 대로 주행을 통해 운전이 익숙해지면 그러한 생각은 자연스럽게 사라지게 된다.

아이를 유산하고 아이를 가지기 위해 여러 가지 노력을 하였다. 애를 씀에도 불구하고 아이가 생기지 않았다. 이 시기에 특히 여러 가지 매체 등을 통해 아이를 버리거나 낙태를 시키는 사건들을 보면서 참 묘한 생각이 들었다. 세상이 공평하지 않다는 생각이……. 우리 부부는 자연적인 방법으로 임신이 되지 않았다. 의사 선생님과 상의를 해서 인공수정이라는 인위적인 방법을 선택하게 되었다. 인공수정을 경험해본 분들은 아실 것이다. 임신을 위해 여자들은 난자가 강제적으로 더 많이 배란되게 유도하기 위해서 주사를 맞는다. 주사는 아내의 호르몬 분비와 신체적 리듬을 깨트렸다. 와이프의 얼굴과 몸에 여드름과 같은 뾰루지가 많이 생겼다. 이것을 여러 번 한다는 것은 상상이 잘 가지 않았다.

천만다행으로 우리는 인공수정 도전 1번 만에 아이를 잉태하게 되었다. 이제는 아이가 생긴 것도 중요하지만 더욱 중요한 일이 있었다. 바로 유산되지 않고 무사히 아이를 출산하는 것이다. 그래서 태명을 소망이라고 지었다. 우리의 바람이 다 들어간 태명이었다.

많은 어려움이 있었지만 드디어 출산을 하였다. 아이를 낳는다고 해서 모든 것이 해결되는 것이 아니다. 이제는 육아가 현실인 것이다. 변화가 된 것은 이제 부부만이 아닌 가족이 확대된 것이다. 아이의 기본 욕구를 충족시키면서 잘 키워야 하는 것이다.

부모로서 육아에 소신을 가져라

아이가 태어난 시기에 아이 부모는 자신의 소신을 가지고 키우는 것이 중요하다. 왜냐하면 주위의 부모님, 친구들, 선배들은 우리에게 자신들의 육아 경험을 쉼 없이 전달해준다. 엄청난 정보가 쏟아지더라도 모든 것이 처음이기에 정보를 이해하고 소화해내기가 어렵다. 부모는 처음 육아지만, 자신들의 소신을 가지고 육아 정보들을 취합하고 선택해야 한다. 부모로서 아이의 곁을 지켜주는 것이 중요하다.

첫째 딸 예지는 외할머니를 너무나 좋아한다. 심지어 엄마나 아빠보다 외할머니를 더 좋아한다. 그 이유는 우리 내외가 맞벌이다 보니 장모님이 힘드니 대신 키워주겠다고 하셔서 우리가 저녁에 가서 아이를 보고, 아이는 외할머니집에서 잤다. 그러다 보니 예지는 할머니를 가끔씩 농담처럼 엄마라고 불렀다. 일상생활과 육아의 어려움 때문에 장모님댁에 아이를 맡겼지만 결국은 자녀와의 관계 맺기에는 어려움을 가졌다.

2010년 1월, SBS의 한 TV 프로그램에서 정말 기막힌 사연이 방영되었다. 사연의 주인공인 박 씨는 딸의 고등학교 생활기록부를 살피다가 이상한 사실을 발견하게 된다. 생활기록부에 적힌 딸의 혈액형은 A형. 하지만 박 씨와 남편은 모두 B형이었으므로 부부 사이에서는 결코 A형의 자식이 나올 수 없었다. 설마 하는 마음에 친자 확인 검사를 해본 결과

박 씨의 딸은 친자식이 아니었다. 무려 16년이라는 세월 동안 박 씨의 딸은 '뒤바뀐 운명'을 지니고 살아왔던 것이다. 법정 소송을 통해 친자식을 찾았다.

우리는 질문을 하게 된다. 기른 자식과 낳은 자식 중 어느 자식이 친자식이냐고? 정토회의 법륜 스님은 3년 동안은 엄마가 아이를 키워야 한다고 말씀하신다. 얼핏 잘못 이해하면 여성이 반드시 양육을 해야 한다고 들릴 수 있다. 아이의 심리적 안정을 위해서 부모의 사랑, 그중에서도 엄마의 사랑이 무엇보다 중요하다는 것이다. 내가 전적으로 동의를 하는 것은 아니지만, 육아가 처음이고 서툴더라도 부모가 아이를 돌보고 키워야 한다는 것이다. 많은 부모들이 충분히 사랑을 주지 못하는 것 때문에 걱정을 한다. 부모가 아닌 다른 누가 우리 아이들을 잘 키우고 사랑을 줄 수 있을까? 부족하더라도 친부모만큼 해줄 사람은 세상에 아무도 없다.

누구나 다 육아는 처음이다. 아이를 처음 키우면 서툴고 제대로 잘해주지 못한다. 지금 성인이 되고 부모가 된 나 또한 나의 부모가 키워주신 것이다. 그분들도 서툴고 제대로 해주지 못한 부분이 많을 것이다. 그렇다 하더라도 제대로 성장했지 않는가? 부모가 두려움을 가지지 말고 자신이 할 수 있는 부분을 사랑으로 지켜봐주고 키워주면 될 것이다.

4

엄마는 철인 28호가 아니다

가장 잘 견디는 자가 무엇이든지 가장 잘 할 수 있는 사람이다.

– 밀턴

부모도 자신의 삶이 필요하다

올해 휴직을 하고 있는 와이프가 카카오스토리에 자신의 일상을 올렸다.

2019. 4. 25. 목

10시 – 가윤이 유치원 보낸 후 청소

12시 – 아빠랑 점심식사

13시 20분 – 예지 픽업

일기예보 기상캐스터 날씨판 만들어야 된다 해서 같이 만듦

15시 45분 – 영어 학원 숙제하기

16시 10분 – 영어 학원 데려다 주고 가윤이 데리고 오기

가구 옮긴 후 짐 정리

18시 – 저녁 먹고 보드게임

19시 40분 – 몬테소리 가윤, 예지 수업

20시 50분 – 잠시 놀기

21시 20분 – 목욕하기

22시 30분 – 양치하고 책 읽기

나는 조용히 글을 읽고 미안한 감이 너무 많이 생겼다. 육아라는 멍에가 와이프의 삶을 너무 다람쥐 쳇바퀴 돌아가는 것처럼 만들었다. 그렇다고 아내가 아이를 위해 전적으로 헌신을 하고 해바라기를 바라보듯이 하지는 않는다. 그럼에도 아이를 누구보다도 좋아하고 사랑하는 와이프가 힘들어하는 모습에 나도 마음의 에너지가 많이 쓰였다.

그렇다고 해서 와이프가 지금의 생활을 마냥 싫어하는 것은 아니다. 특히 수요일은 첫째 딸 예지가 오후에 방과 후 수업이 없다. 그래서 일찍 집에 오는 날이기 때문에 딸과의 특별한 데이트 시간을 가진다. 집 앞에 있는 크지는 않지만 아늑한 카페에 들러 학교에 있었던 소소한 이야기나 생각들을 나눈다. 아마도 내 생각에는 이 시간은 모녀 지간에 있어서 그 어떤 순간보다도 소중하게 기억될 것이다. 때때로 나는 같이 하지 못하

는 것에 약간의 샘이 난다.

직장맘이든 전업맘이든 시간의 차이가 다소 있을 수 있으나 육아라는 전쟁에서 쉬는 시간을 가지기가 쉽지 않다. 시계추와 같이 일상의 반복이 이루어진다. 직장맘인 경우에는 아이를 베이비시터에게 맡기거나 혹은 어린이집, 유치원에 등원시키고 허겁지겁 바로 직장이라는 또 다른 삶의 터전으로 가야 한다. 그리고 상사나 동료들의 눈치를 살피면서 회식도 뒤로 하고 정시 퇴근을 하여 아이들을 챙긴다. 전업주부라고 하더라도 아이가 없는 시간에는 집안을 정리하는 시간이 된다.

아이들이 소중하다는 것은 알고 있다. 하지만 자신의 생활이 보장되지 않는다면 껍데기만 남은 삶이 되는 것이다. 반복적인 삶처럼 느껴지지만 단 하루도 똑같이 이루어지는 날은 없다. 그러기에 아이와 보내는 순간에서 자신에게 행복을 주는 소소한 장면을 만들어보라. 그러면 그 순간이 될 때 행복감이 배로 증가될 것이다.

부모도 자녀와 무게를 나누어라

나의 어린 시절의 엄마는 늘 바쁜 분이었다. 6남매의 장녀이며 8남매의 장남인 큰며느리였다. 삼촌과 같이 살았고 가지 많은 나무에 바람 잘 날 없듯이 늘 문제를 해결하시는 억척스러운 분이었다. 연탄불을 갈고 아침을 하기 위해 새벽 4시 30분에 일어나셨다. 나는 당시 세상의 모든 어머니가 그렇게 일찍 일어나서 생활하는지 알았다. 7시 정도에 출근을 하시는 아버지를 위해 매일 국과 함께 아침식사를 준비하셨다. 그리고 집에서 100m 정도 떨어진 장난감 공장에 가서 일을 하셨다. 그 공장에는 10명 정도의 동네분들이 계셨고 형광등 아래 나란히 앉아 태엽을 돌려 움직이는 경찰차, 비행기 장난감을 만드셨다. 그리고 6시에 퇴근을 하시면 7시에 퇴근하시는 아버지를 위해 저녁을 준비하셨다.

그리고 나면 집에는 또 다른 부업이 기다리고 있었다. 지금은 아득한 추억이 되었지만 인형눈을 붙이거나 케이블 선을 연결하는 아주 단순한 노동이었다. 하나를 하면 1원 혹은 2원을 주었다. 한 달을 하면 2-3만 원 정도를 벌 수 있었다.

어머니는 자주 우리 형제에게 말씀하셨다.

"잘해주지 못해서 정말 미안하다."

육체적으로나 정서적으로 어린 나이였지만 어머니만큼 어떻게 잘할 수 있을까라는 생각이 들었다. 배움이 길지 않아 전문직인 일을 하지 못하였지만 자신에게 주어진 삶의 소명을 정말 열심히 하고 있지 않은가? 또한 자식을 위해서 무엇인가를 늘 준비해주려고 하지 않은가? 이러한 마음이 현재 우리 주변 엄마들의 마음과 같았을 것이다.

어머니는 우리 형제들에게 미안한 마음을 떨쳐버리기 위해서인지 어미니의 월급을 받으시는 날이면 무엇이 먹고 싶은지를 꼭 물어보셨다. 우리 형제들의 대답은 늘 같았다.

"통닭이요."

어머니는 1년 365일 쉬는 시간 없이 보냄에도 불구하고 이 순간을 즐기셨고, 이 즐거움으로 모든 힘듦을 떨쳐낼 수 있었던 것 같다.

지금의 엄마들도 자신의 노력으로 아이들이 변화하거나 즐거워하는 모습에 힘든 순간을 견디고 미래에 보다 더 나은 삶을 만들어주려고 노력을 하는 것이다.

엄마들도 늘 건강하지 않다. 아내가 기침과 함께 며칠 잠을 제대로 자지 못하더니 감기 몸살을 겪게 되었다. 아이들과 나의 평온했던 일상은 한순간에 깨지고 말았다. 365일 쉬지 않고 돌아가는 기계도 한순간에 고장이 날 수 있는데, 사람인 와이프가 아픈 것은 너무나 당연한 일이었다. 하지만 내가 직장에 일찍 가기 때문에 아이들을 챙기는 것을 할 수 없어 장모님, 장인어른이 다 동행되어 하루 일과를 이끌어갔다. 다행히 나는 장인어른댁이 바로 근처에 있다. 그래서 늘 우리가 힘든 경우 소방의 역할을 해주신다.

아이들도 엄마가 아픈 것이 싫은 것은 마찬가지다. 딸들이라서 엄마가 아픈 것에 대해 공감을 매우 잘한다. 혹시 남자아이들만 있는 엄마들이라면 소수를 제외하고는 엄마가 아픈 것에 대해 공감을 받을 것에 대해서 일찌감치 포기하는 것이 좋다. 성향이 다르기 때문이다.

하지만 어린아이들이기 때문에 공감의 시간이 그리 길지가 않다. 한두 시간 누워 있으면 다 나아 자신들과 같이 놀 수 있을 것이라고 생각한다. 하지만 몸살로 아파 본 사람이라면 잘 알 것이다. 바로 나을 수도 없고 모든 것이 힘들고 귀찮다는 것을.

나는 아이들에게 이야기를 한다. 지금은 엄마가 많이 아프다고. 그래서 우리가 무엇을 해야 하는지를 아이들에게 물어본다. 이 경우에는 남녀 구분할 것 없이 아이들에게 물어보라. 그리고 그들이 할 수 있는 대답을 자유롭게 하도록 하고, 엄마를 위해 할 수 있을 것을 해주도록 하는 것이 필요하다. 예를 들면 수건에다 물을 적셔서 엄마의 이마에 올려두도록 한다든지, 혹은 팔다리를 주물러주도록 해보게 하는 것이 중요하다. 하지만 주의해야 할 점이 있다. 예를 들어 나의 둘째 딸은 엄마를 위해 수건에 물을 적시고 이마에 올려주려고 하였는데 오는 도중 수건에서 물이 바닥으로 뚝뚝 심하게 떨어지고 있는 것이 아닌가? 아이는 나름 열심히 수건의 물을 짜냈지만 역부족이었다. 그러니 다른 어른이 있다면 도와주도록 하고, 물이 많이 떨어지고 있는 것에 대해 야단을 치지 않는 것이 좋다.

이 모든 것이 엄마를 위한 행동이기 때문이다. 엄마도 아프면 아프다고 이야기를 해야 한다. 그리고 분명하게 아이들에게 엄마가 바라는 점을 요구하는 것이 좋다. 그렇게 하면 아이들은 상황에 잘 적응을 하기 때문에 처음에는 쉽게 받아들이지 못하지만 여러 번 반복을 하고 나면 요령이 생기고 당연히 해야 하는 것으로 생각하게 된다. 또한 아이들이 역지사지의 개념도 배우게 된다. 자신들이 엄마를 병간호하면 엄마에 대한 애착도 증가하겠지만 육체적으로 자연스럽게 힘듦을 알게 되어 부모가 자신들을 간호해주는 것에 대해 감사함을 느끼게 된다. 그러니 엄마가 아픈 것을 아이들에게 돌봄에 대해 알게 할 수 있는 기회라고 생각하도록 하면 좋을 것이다.

엄마는 철인 28호가 아니다. 아이들을 위해 엄마가 모든 것을 해줄 수 있는 것이 아니다. 엄마들도 자신의 삶이 있고 자신의 공간을 유지할 수 있어야만 정신적으로든 육체적으로든 건강을 유지할 수 있다. 스스로에게 물어보라. 현재 직장 생활이나 아이들을 돌보는 것 외에 자신에게 즐거움을 주고 있는 것이 무엇인지를. 그것에 대해 답을 찾았다면 잠시만이라도 아이들은 뒤로 하고 자신을 위해 시간이나 돈을 써보라. 큰 것을 하라는 것이 아니다. 영화를 좋아한다면 BTV 등을 이용해서 자신이 평소에 보지 못했던 영화를 본다든지 혹은 찻집에 가서 차를 한잔하거나 아니면 음악회에 가서 연주를 듣는 것이 좋다.

엄마가 튼튼해야 아이들이 밝고 행복하게 자랄 수 있다. 아이들을 위해 365일 쉬지 않고 애를 쓴다는 것이 결코 아이들을 위하는 것이 아님을 깨닫기를 바란다.

5

나는 오늘도 우리 아이가 밉다

내가 성공을 했다면, 오직 천사 같은 어머니의 덕이다.

– A. 링컨

모든 아이는 다르다

손의 지문이 모든 사람마다 다르듯이 어느 한 사람도 똑같은 사람은 존재하지 않는다. 우리 집에는 예지, 가윤이라는 나의 두 눈에 넣어도 아프지 않을 귀여운 두 딸이 있다. 같은 뱃속에서 나왔지만 같은 듯 다르다. 큰딸 예지의 경우는 태어나면서부터 먹는 것과 자는 것이 정말 까다로웠다. 모유 수유를 한 2개월 하다가 와이프 수유 문제로 분유로 바꾸었다. 보통 영아들 경우에는 배가 고프면 잘 먹는데 우리 아이는 배가 고픔에도 불구하고 잘 먹지를 않았다. 분유를 타서 먹이면 30ml 정도를 먹고 입으로 뱉어내고 다시 20ml 정도를 달래고 얼러서 먹게 했다.

심지어는 배가 고파서 칭얼거리는데도 분유를 잘 먹지 않고 조금씩 먹고 다시 혀로 밀어내곤 했다. 그래서 우리는 궁여지책으로 예지가 잠이 들 시기가 되면 잠결에 젖꼭지를 입에 물려주고 먹게 했다. 그 양도 50ml 정도로 많이 먹지 못했다. 주변에는 예지와 같이 키우기가 힘든 아이가 있다. 이러한 아이를 까다로운 아이라고 한다. 나는 전공을 하고 있기에 우리 아기가 다른 아이보다 키우기 어렵다고 스스로 인정을 하였다.

일반적으로 기질은 3가지 정도로 나눈다. 순한 아이, 까다로운 아이, 느린 아이다. 기질로 불려지는 말 그대로 해석하면 된다. 순한 아이의 경우에는 먹는 것, 자는 것, 생활하는 것 등 모든 면에서 큰 문제없이 수월하다. 그러므로 부모들이 아이를 키우기가 매우 쉬운 편이다. 반면에 까다로운 아이는 먹는 것, 자는 것, 생활하는 것 등 모든 면에서 너무나 까다로워서 부모의 입장에서 손이 너무 많이 간다. 마지막으로 느린 아이의 경우에는 모든 면에서 느리다고 보면 된다. 적응적인 측면에서 매사에 탐색의 기간이 길어서 답답하게 느껴진다고 보면 된다.

나는 수업 시간에 유아교육과 학생들에게 간단하게 순한 아이와 까다로운 아이를 다음과 같이 설명을 한다. 순한 아이의 경우에는 태어날 때부터 100점 만점에 80점이고 까다로운 아이는 100점 만점에 30점 정도라고 볼 수 있다고. 이 수치는 학술적으로 정해진 것이 아니라 교육자인 내 개인적인 소견이기도 하다.

부모의 입장에서 순한 아이는 조금만 관심을 가져주면 금세 20점을 얻게 되어 100점이 되는 반면에, 까다로운 아이의 경우에는 노력을 많이 해도 점수가 잘 오르지 않을 뿐만 아니라 3-4배 노력해서 오른 점수가 60-70점 정도인 것이다. 생각해보라. 순한 아이는 태어나자마자 80점인데, 까다로운 아이는 부모의 지극한 노력이 있음에도 불구하고 순한 아이의 기본 점수보다 낮다는 것이다. 이 점을 알고 있다면 부모의 입장에서 다른 집 아이와 비교하지 않고 오로지 우리 아이의 기질을 고려해서 아이를 살펴볼 필요가 있다. 그럼에도 불구하고 순한 아이에 비해 느린 아이와 까다로운 아이는 키우기가 쉽지 않고 힘들다. 특히, 까다로운 아이의 경우에는 아이가 성장하면서 부모에게 상처를 줄 수도 있고 이로 인해 아이가 미울 수 있다. 나의 노력에 비해 아이의 변화가 많지 않기 때문이다. 혹시 많이 미워지더라도 한 가지를 기억하면 좋은 것이 있다. 세상을 바꾼 많은 사람들은 순한 기질의 사람이 아닌 괴팍한 까다로운 기질을 가진 사람들이라는 것이다.

나는 집에서 나만의 힐링을 위해서 보는 TV 프로그램이 2개가 있다. 대표적으로 〈정글의 법칙〉과 〈짠내투어〉이다. 나는 낚시나 무엇인가를 잡는 것을 좋아하는데, 〈정글의 법칙〉을 보면서 이를 간접적으로 체험할 수 있다. 〈짠내투어〉는 자유 여행을 좋아하기에 대리 여행과 함께 여행을 가는 방식을 배울 수 있다. 그래서 나는 방송하는 이 시간을 기다린다. 평소에 집에서는 TV를 거의 켜지 않는다. 주로 TV를 켜는 사람은 바로 나라고 할 수 있다. 그러다 보니 내가 TV를 켜는 순간에 아이들에게도 TV를 볼 수 있는 기회가 주어지는 것이다.

아이의 기질에 맞게 대응하라

아이들이 함께 있을 시 TV를 켜면 집안에는 묘한 분위기가 조성된다. 아이들도 어느새 자신들이 보고 싶은 프로그램을 주장한다. 나와 아이들은 자신들이 보아야 하는 이유를 이야기하면서 본의 아닌 리모컨 쟁탈전을 벌이게 된다. 일반적으로 3:7 정도로 결정이 된다. 내가 보는 확률 30%, 아이들 프로그램을 보는 확률 70% 정도이다. 30년 이상의 나이 차이가 나는 자녀와 다투는 것이 우습기도 하다. 내가 먼저 살고 있는 우리 집인데도 불구하고 말이다.

아이들이 자신의 주장을 하기 시작한다는 것은 하나의 인격체로서 성장한다는 것이다. 이는 부모와는 다른 존재로서 자신의 생각을 표현하는 것이다. 창의적이고 독창적인 아이로 성장하기를 원하면서 순종적인 아이가 되기를 바라는 부모도 있다. 기존의 질서에 적응 및 순응하면서 새로운 생각을 떠올릴 수 있을까? 불가능하다고 보아야 한다.

아이가 가끔씩 미워진다는 것은 무엇을 의미하는 것일까? 부모인 나의 뜻대로 아이가 하지 않는다는 것이다. 규칙과 규율을 깨면서 화가 나게 할 때도 있지만 부모가 생각하지 못한 것을 해낼 때도 있다. 나의 경우에도 TV를 보지 않는 분위기를 내가 깼을 때 아이들은 자신들 속에 억눌러 두었던 욕구를 주장한다. 부모인 나와 의견이 상충될 수 있으나 자신의 의견을 주장할 수 있는 개별성을 보여준다. 부모에게 자신의 의견을 주장할 수 있으면 자연스럽게 주변의 사람에게 자신의 의견을 제시할 수 있다.

아이가 미운 행동을 할 수 있다는 것은 아이에게 지금 가정의 환경이 어느 정도는 허용적인 것이다. 부모가 무소불위의 권위를 가지고 있으면 어느 누구도 입을 열지 못한다. 무언의 가족으로 변하게 된다.

예지가 지구에 대한 책을 읽고 있다가 질문했다.

"지구 안은 뜨거워?"

"매우 뜨겁지."

이런 답변을 하면서 아빠의 입장에서 조금 더 가르쳐주고자 하는 마음이 생겼다. 그래서 마그마, 용암, 지구 내부의 온도에 대해 자세하게 설명을 하기 시작하자 딸의 얼굴이 변하기 시작했다. 아이가 원했던 내용보다 내가 더 많은 내용을 알려주려고 해서 별로 듣고 싶지 않은 것이다.

아이 생각에 내용이 길어진 것처럼 느꼈는지 다른 소리를 내면서 나의 시선을 피해버렸다. 아이가 듣고 싶은 내용보다 더 나아간 것이다. 아빠의 입장에서는 아빠의 정성이 무시당하는 것 같아 기분이 상하였다. 하지만 우리도 생각을 해보면 단답형으로 듣고 싶은 이야기를 서술형으로 길게 듣게 되면, 별로 듣고 싶지 않다.

아이는 "뜨겁다."는 대답을 듣고 난 뒤 계속해서 책을 읽고 싶었을 것이다. 부모의 욕심으로 아이에게 더 많은 것을 제공하고 아이에게 거절을 당한 것이다. 아이의 태도를 빌미 삼아 아빠의 정성을 몰라준다고 아이를 탓한다.

아이가 미워진다는 것은 욕심이 있는 것이다. 당연히 부모들은 육아를 잘 하고 싶어 한다. 그래서 매사에 아이들을 위해 최선을 다하고 노력을 한다. 이러한 노력이나 바람이 언제나 아이들과의 행복이나 기대와 비례하지 않는다. 육아에 대해 너무 힘이 들어가면 아이도 스트레스를 받고 엄마들도 아이들을 전적으로 사랑할 수 없게 된다. 그러니 육아에 대한 힘을 빼고 심리적 압박을 줄이고 자연스러운 육아를 해야 한다. 오늘도 우리 아이가 밉다는 것은 아이의 행동의 문제일 수도 있으나 내가 바라는 바가 커서일 수도 있다. 언제나 아이의 입장에서 생각해야 한다.

6

엉킨 실타래 같은 육아, 풀 수 있을까?

한 사람의 현모는 백 명의 스승에 필적한다.

– 헤르바르트

아이의 긍정적인 부분을 바라보라

아이가 커가면서 세상을 만나고 무엇보다도 다양한 감정을 가지고 표출하게 된다. 〈인사이드 아웃〉이라는 영화에서 주인공 감정인 기쁨이는 "괜찮아, 다 잘될 거야! 우리가 행복하게 만들어줄게."라고 말한다. 모든 부모들은 아이가 태어나면 우리 아이가 화, 슬픔 등의 감정보다는 기쁨과 즐거움을 느끼면서 행복한 삶을 살기를 바란다.

우리의 감정은 일시적인 것이 아니라 경험의 축적에 의해서 이루어지는 것이다. 현실치료 상담의 창시자 글라써는 상담에 있어서 사람들이 좋은 세계를 알고 추구해야 한다고 하였다. 좋은 세계에는 사상, 장소,

사람 등 사람마다 각기 다른 것이 몇 가지씩 들어가 있지만 대부분의 경우에는 좋은 인간관계를 가진 사람이 들어 있다. 행복한 감정을 유지하고 싶다면 좋은 세계에 들어 있는 것들을 충족시키면 된다.

육아에 대한 엄마의 좋은 세계를 한번 생각해보자. 부모 혹은 자녀의 나이에 따라 차이가 나겠지만, 영아의 경우는 아기가 새근새근 자고 엄마는 책을 읽어 주는 장면일 수 있고, 유아의 경우에는 부모가 아이와 재미있게 놀고 있는 장면을 떠올릴 수 있다. 물론 아동기와 청소년기의 자녀가 있다면 공부를 잘하는 모습이 들어 있을 수도 있다. 하지만 현실의 장면은 어떠한가? 과연 부모가 꿈을 꾸고 있는 좋은 세계의 장면처럼 그려지고 있는가? 일반적으로 영유아 자녀를 가진 집인 경우에는 집안 정리가 되지 않은 상태로 장난감과 인형 등이 거실 여기저기에 널려 있고 청소를 해도 별로 티도 나지 않는다. 게다가 자신은 아이에게 나긋한 것이 아니라 화가 난 목소리로 협박 아닌 협박을 하고 있다. 이러한 모습은 엄마들이 꿈을 꾸는 모습이 아니고 무엇보다 육아를 잘 해내지 못하는 자신에 대한 열등감으로 다가올 수 있다.

나에게 공적으로, 사적으로 많은 도움을 주는 'P' 선배가 있다. 선배는 아들 하나, 딸 둘의 3자녀를 가진 아빠다. 늘 자녀들에게 잘해주고 무엇보다도 어떤 잘못을 하더라도 한 가지 믿음을 가지고 있다. 지금은 아이들이 다양한 경험을 해야 할 시기이고 아이들은 반드시 잘 될 것이라는 믿음이다. 어느 날 선배가 지나가는 말로

"그거 참."

"무슨 일인데요?"

"첫째가 얼마 전에 산 자전거를 분해해서 팔았네. 이것을 어떻게 할까?"

선배의 얼굴에 약간의 고민의 흔적을 엿볼 수 있었다. 첫째 아들은 키도 크고 운동도 잘하고 자신의 생각과 주장이 매우 강했다. 첫째는 자전거를 충분히 타보았기 때문에 팔고 다른 것을 사고 싶다는 생각에 실제로 분해해서 산 가격의 절반 가격에 매매를 한 상태였다. 선배는 화가 약간 났지만 자전거를 잘 타고 이제는 능수능란하게 분해하고 조립을 할 수 있는 매니아가 된 것에 초점을 맞추고 아이를 바라보았다.

물론 상의가 되지 않고 판매한 것에 대한 대화는 아이와 함께 하였지만 아이를 키움에 있어 부정적인 측면이 아닌 긍정적인 측면에 초점을 두고 해석하려는 것이다.

우리는 아이를 키우다 보면 현재의 잘못된 부분에 초점을 두고 내가 처음 가졌던 아이에 대한 사랑, 소망 등을 잊고 아이를 나의 생각대로만

움직이기를 원하면서 대하는 경우가 있다. 부모가 된 순간을 기억한다면 아이의 지금 행동이 너무 부족하게만 보이지 않을 것이며 육아가 보다 즐겁게 느껴질 것이다. 처음 아이를 가졌던 시기를 기억하는 것이 중요하다.

감정계좌에 사랑을 저금하라

"보호자분 들어오세요."

나는 급하게 분만실에 들어가기 위해서 옷을 입고 두려움을 가지고 가족 분만실에 들어갔다. 와이프의 힘들어 하는 모습이 보이고 의사 선생님의 소리가 들렸다.

"조금만 더 힘을 내세요. 다 나와 갑니다."

드디어 아이의 울음소리가 들렸다. 간호사가 탯줄이 달려 있는 아이를 나에게 보여주면서 가위를 건네주었다. 그런 뒤 아이와 엄마가 연결되어 있는 탯줄을 손으로 가리키며 자르라고 하였다. 처음이여서인지 아니면 한 번도 해보지 않은 경험이여서인지 손이 굉장히 떨렸다. 엄지에 힘을 주면서 가위질을 했다. 그러나 한 번 만에 잘리지 않고 또 다시 가위질을 했다. 두 번째에는 탯줄이 잘렸고 그 순간 간호사는 나에게 여자아이고 몸무게는 2.6kg이라고 말했으며 손가락, 발가락이 다 떨어져 있는 것을 보여주었다.

생명의 신비라고 해야 할까 그 순간에는 내가 무엇을 해야 할지, 또한 삶의 새로운 무게가 나에게 엄습해오는 것을 느끼게 되었다. 그러면서 문득 나는 책임감은 생겼는데 과연 내가 제대로 된 육아를 할 수 있을까 하는 의문이 들었다.

우리는 산후조리원에 가지 않고 병원에서 3일 정도 있다가 퇴원을 해 집으로 오게 되었다. 이제는 새로운 시작을 하게 된 것이다. 둘만 있을 때와는 다르게 어떻게 해야 할지에 대한 걱정이 앞섰다.

태어난 지 며칠 되지 않은 아이는 돌봄이 없으면 잠시도 살 수 없는 나약한 존재라는 것을 알 수 있다. 50일이 되지 않은 아이는 목에 힘이 없어서 자신의 목조차도 제대로 가누지 못한다. 그렇기에 옷을 입힐 때, 안을 때나 목욕시킬 때에도 한시라도 마음을 놓을 수 없이 계속해서 신경을 써서 돌보아야 했다.

아이 하나가 우리 부부의 삶을 완전히 바꾸어버린 것이었다. 아이는 혼자서 씻지도, 먹지도 자지도 못하였다. 그렇다고 해서 의사소통이 되는 것도 아니다. 삶의 중심이 어른 중심이 아니라 아이 중심으로 변화되어버린 것이다. 엄마의 삶에서 이 순간에는 모든 것이 사치가 된다. 화장을 한다거나 레이스가 달린 옷을 입는다는 것이나 밥을 편히 먹는다는 것은 불가능한 일임을 알 수 있게 된다. 아이가 모든 면에서 나를 원하기 때문인 것이다.

영아 때에만 부모의 일상적인 삶을 방해하는 것이 아니다. 영아가 유아가 되고 아동이 되고 청소년이 되어도 그 시기에 발생하는 문제가 생긴다. 문제로서 바라본다면 육아는 고통이고 지옥일 수 있다. 육아는 우리가 계획하고 기대하는 것처럼 만들어지지 않는다. 우리의 삶이 어린 시절에 꿈을 꾸었던 것처럼 삶이 전개되지 않는 것과 같다. 육아는 함께 하는 시간을 통해 서로가 필요한 것을 깨달아가고 채워갈 수 있는 것이다.

아이는 사랑을 품는 스펀지와 같다. 아이와 함께 즐거운 시간을 보낸 날에는 아낌없이 곁으로 다가오는 반면, 바빠서 소홀한 경우에는 서먹함이 흐르는 것이다. 이에 우리는 짧은 시간이나마 아이와 즐거운 시간을 가져야 한다. 자기 계발자인 스티븐 코비의 『성공하는 사람들의 7가지 습관』에서는 사람과의 관계에는 감정은행계좌라는 것이 있고 이 계좌에 얼마나 상대방에 대한 감정이 남아 있느냐가 관계를 유지하고 개선할 수 있는 여지를 준다고 하였다. 아이와의 관계도 마찬가지로 늘 화를 내고 다투게 된다면 부정적인 감정만 남아 있을 것이고 이는 서로에게 상처를 줄 수 있다. 이에 사랑의 감정을 저금할 수 있어야 한다.

지금 육아가 많이 힘들고 실타래처럼 꼬여 있다고 생각을 하면 부모로서 아이와 어떻게 좋은 시간을 보낼 것인지를 생각해보면 좋다. 상담을 할 때 대학생인 제자에게 "아비지와 있으면 어때?"라고 질문한 적이 있다. 너무 불편하고 그 자리를 빨리 떠나고 싶다고 이야기를 했다. 아버지와 자녀로서 보낸 시간이 20년이 넘었는데 어색하다면 왠지 서글프지 않는가? 현재 아이들과 보내는 시간이 헛된 시간이 아니라 육아를 편하게 하기 위한 초석임을 깨닫는 것이 중요하다.

7

이제는 행복한 육아를 하고 싶다

1년 동안 대화하는 것보다 1시간 노는 것이 누군가에 대해서 더 잘 알 수 있다.

– 리차드 링가드

부모의 행동 선택이 중요하다

나는 카카오톡의 배경 사진에 가족사진과 함께 우리 가족이라는 글귀를 남겨두고 있다. 이는 그 어느 것보다 내 개인적으로 매우 소중하다고 할 수 있는 것이다. 그렇기에 행복한 기억을 간직한 순간의 아름다운 장면을 넣어두고 틈틈이 꺼내어본다. 핸드폰 화면 사진 속의 가족들이 환히 웃는 미소를 유지하고 싶기 때문이다.

어릴 적 나의 본가는 가부장적인 성향을 가지고 있었고 이에 내가 자라면서 아버지, 어머니가 손을 잡고 걷는 것을 보지 못했다. 아버지, 어머니는 늘 곁에는 계셨으나 떨어져 걸어다닌 것이다. 당연히 형과 나는 스킨십이라는 것은 특별한 경우를 제외하고는 하지 않는 것이라고 생각했다. 즉, 부모님이 보여주신 삶의 모습이 자연스럽게 내 삶에 녹고 그대로 행하게 되는 것이다. 나는 공부를 하면서 스스로 많이 변하려고 끊임없이 노력을 했다.

우리 부부는 아이들 앞에서 포옹과 가벼운 스킨십을 하는 모습을 보여준다. 아이들은 소꿉놀이를 통해서 자연스럽게 집안에서 부모가 사용하는 말을 따라 하게 된다. 우리 아이는 와이프가 나에게 "자기야"라는 말 대신에 "오빠"라는 말을 쓰는 것을 보고 아이 둘이서 놀 때 남편을 "오빠"라고 부르는 해프닝을 만든다. 큰 딸아이는 농담 반, 재미 반으로 아빠인 나를 부를 때 능청스럽게 "오빠"라고 한다.

아이들 앞에서 부모가 어떻게 행동하느냐에 따라서 아이들의 행동은 자연스럽게 나타날 수 있는 것이다. 아이들의 행복만큼 부모의 행복이 중요하고 또한 부모 스스로 행복을 찾으면 행복의 긍정성이 아이의 교육에도 고스란히 적용되어 가족 모두 행복을 느끼고 소속감을 가지게 된다.

나의 어릴 적을 생각하면 어른이 빨리 되고 싶었다. 어른이 되면 내가 하고 싶은 것은 무엇이든지 할 수 있고 지금보다 더 행복해질 것이라고 생각했기 때문이다. 요즘 어린아이들 중에 상당수가 어른이 되고 싶어 하지 않는다. 그 이유는 부모들이 행복하거나 즐거워 보이지 않고 힘들어 보이기 때문이다. 즉, 어른의 삶이 좋아 보이지 않는 것이다. 아이들이 현실에 최선을 다해서 앞으로 가고자 한다면 어른이 되는 것에 두려운 동기가 아닌 긍정적인 동기를 가져야 할 것이다. 그러니 어느 것보다 부모들의 행복한 모습이 아이들을 행복하게 하고 육아를 원활하게 할 수 있게 한다.

부모들은 자신들의 뚜렷한 육아 철학을 다 가지고 있지는 못하더라도 부모가 생각하고 아이들이 반드시 하기를 원하는 것을 가지고 있다. 이런 경우에 억지로 시키는 경우도 있고 아니면 아이의 의사를 물어서 아이가 선택을 할 수 있도록 해준다.

편식하는 우리 아이는 밥을 잘 먹지 않는다. 그래서 나는 아이에게 "밥 먹을래? 안 먹을래?"라는 질문을 절대로 하지 않는다. 왜냐하면 이 질문 안에는 내가 원하지 않는 답이 들어 있기 때문이다. "안 먹을래."라고 답변을 하는 순간에는 그래도 "먹어야지."라는 부탁을 해야 하거나 아니면 다시 대답하라는 조금 높은 음성으로 아이를 협박하게 될 수 있기 때문이다. 이 질문을 한 의도는 무엇인가? 아이가 밥을 먹게 하는 것이다.

그렇다면 부모의 입장에서는 분명하게 의도를 깔고 질문을 하여야 한다. 예를 들면 "미역국이랑 밥 먹을래? 아니면 된장국이랑 밥 먹을래?"로 질문을 할 경우에 아이가 둘 중에 하나를 선택을 한다면 아이는 당연히 자신이 선택했다고 믿게 될 것이다. 물론 이런 답을 하는 경우도 있을 수 있다.

"아니, 둘 다 안 먹을래."

이럴 경우에는 질문을 해야 한다.

"그러면 뭘 먹을래?"

일반적으로 우리는 아이들이 스스로 선택을 하고 그것을 지키도록 해주는 것이 매우 중요하다는 것을 안다. 하지만 아이들이 모든 선택에 있어서 옳은 것을 선택하지는 못한다. 많은 경우에는 잘못된 선택을 할 수 있는 것이다. 그러므로 부모의 입장에서 선택의 폭을 줄여주는 것이 필요하다. 즉 부모가 원하는 행동을 하도록 하는 방식인 것이다.

이러한 방식의 양육은 부모는 자신이 원하는 방향으로 육아를 할 수 있고 아이의 입장에서는 부모가 전적으로 시키는 것이 아니라 본인이 생각하는 자율성을 가질 수 있다. 행복한 육아를 위해서는 적절한 질문이 중요한 것이다. 그래서 한 번 더 연습을 하고 생각을 해보라. 아이를 의자에 앉게 하고 싶다면 "의자에 앉을래? 앉지 않을래?"라는 질문이 아니라 이런 질문을 해야 한다.

"파란 의자에 앉을래? 빨간 의자에 앉을래?"

아이가 선택하면 아이는 즐겁고 부모 또한 지치거나 힘이 드는 것이 줄어들 것이다.

현재의 삶을 즐겨라

우리는 누구나 꿈을 꾸는 육아의 모습이 있다. 그러나 누가 행복을 가져다주는 것이 아니다. 내가 만드는 것이다. 〈보스 베이비〉 영화를 보면 인위적으로 만들어진 형제이지만 여러 가지 공통된 경험을 통해 우애가 생기고 가족으로 남게 된다.

혈연으로 구성이 되면 당연히 부모는 자식을 사랑해야 하고 아이는 부모를 따라야 한다고 생각을 한다. 하지만 그것은 오산일 수 있다. 행복한 가족, 행복한 육아가 되려고 하면 그만큼의 즐거움을 함께 공유해야지만 가능하다. 주변의 모습들을 보라. 형제들끼리 고소를 하고 자녀가 부모를 버리기도 하고 부모가 물려준 유산을 다시 돌려달라는 소송을 벌이기도 한다.

행복한 육아를 위해서는 아이들에게 전적으로 매달려서는 안 되고 나중에 무엇을 해줄 것인지에 대한 기대를 해서도 안 된다. 그냥 현재의 상황에 최선을 다하면서 엄마 자신도 휴식을 가져야 한다. 엄마가 에너지가 있어야 육아가 된다. 엄마가 정신적으로 육체적으로 힘들어할 경우에는 부모 자신이 삶에 대한 의미를 상실하고 그러면 아이에게 자연스럽게 화를 많이 내게 된다. 아이가 잠을 안 자고 엄마와 놀고 싶은 것도 마냥 아이가 엄마를 괴롭히려고 하는 것으로 생각되게 되는 것이다. 그러니 엄마가 자신의 여유를 가져야 한다.

직장인 엄마라면 퇴근 후 차에서 10분 정도 음악을 듣는다든지 혹은 주변을 산책하며 감정을 정화시킬 필요가 있다. 엄마들도 노는 시간이 필요한 것이다. 엄마가 너무 육아에 매달려 있으면 짜증이 나고 함께 있는 시간에 감정에 문제가 생길 수 있기 때문이다. 엄마가 놀면서 마음의 여유를 얻게 되면 아이와 함께 놀 마음이 생기고 관계도 보다 애틋해질 수 있다.

아이를 위한다고 하면서 현재의 자신을 희생하는 부모들이 있다. 아이들에게 무의식적으로 너희들을 위해 부모인 우리는 이만큼 노력하고 있다고 은연중에 압박을 가한다. 부모의 노력에 비해 아이가 제대로 하지 못하면 억울한 생각이 든다. 금전, 시간, 에너지 모두 손해 보는 것처럼 생각한다. 육아에 있어서 과거에 얽매여 현재를 한탄하거나 미래를 위해 현재를 희생하는 것은 의미가 없다. 아이와 함께 보내는 현재의 찰나찰

나가 바로 중요한 순간이다. 현재를 버리고는 밝은 미래가 없다. 부모가 현재 행복하지 못한 심리 상태를 지녔는데 아이가 어떻게 행복할 수 있겠는가?

육아는 부모로서 자식을 가진 자로서의 의무이다. 의무로만 여겨지고 다른 사람과의 비교를 한다면 행복이 없다. 이 글을 읽는 여러분의 영아 시절을 떠올려보라. 무슨 음식을 먹었는지, 어떤 기저귀를 찼는지 기억이 나는가? 단지 어머니의 사랑과 관심이 있었다는 것이 어렴풋이 기억날 것이다. 희생을 통해 아이에게 일제 기저귀, 뉴질랜드 분유를 사준다고 해도 아이는 기억하지 못한다. 엄마가 밝은 미소, 건강한 심리 상태를 유지하면 행복한 육아가 될 것이다. 미래를 위해서 현재를 희생하지 말아야 한다. 현재의 행복이 아이의 현재와 미래의 행복이다. 보다 현명하게 육아의 선택을 해보는 것이 중요하다.

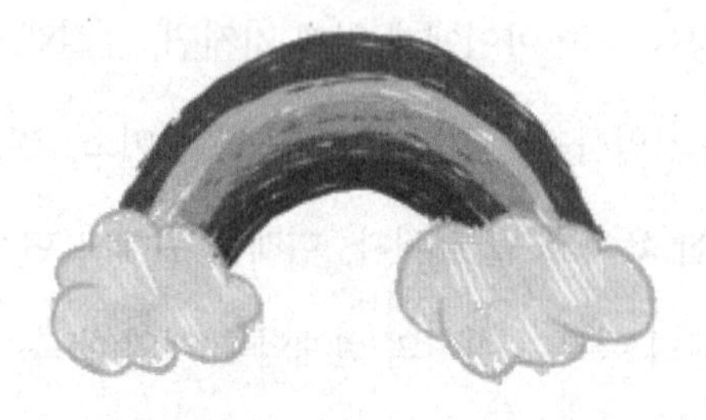

초보 엄마 아빠를 위한 ...

2 장

엄마도 아빠도 육아 공부가 필요하다

1

초보 부모가 육아 공부를 해야 하는 이유

어느 날, 아침에 눈을 떠보니 이제 더는 당신이 원했던 것들을 할 시간이 없다는 것을 깨닫는 순간이 올 것입니다. 그러니 "지금 시작하세요."

– 파울로 코엘료

부모도 알아야 한다

육아는 단거리 달리기가 아니라 자신의 페이스를 조절하면서 길게 뛰어야 하는 마라톤과 같다. 그러므로 한순간마다 일희일비를 하지 않는 것이 좋다. 태어나면서부터 육아를 잘하게 태어난 사람은 없다. 누구나 육아는 처음이고 세상의 그 어느 것보다 내 마음대로 잘 되지 않는 것이 바로 자식을 키우는 것이다. 그래서 육아는 처음부터 잘하는 사람이 없고 똑같은 상황에 똑같은 방식으로 하더라도 반드시 성공하리라는 보장도 없다.

어찌 보면 늘 실패를 경험하면서 배워나가는 것이 육아인 것이다. 그러니 아이 또한 부모와의 다양한 관계를 통해서 이런저런 경험을 다 해보는 것이 꼭 나쁘지만은 않다. 사실 육아는 책으로 보거나 단순히 다른 사람에게서 말로 듣는 것보다 본인이 열심히 노력을 해서 경험이 쌓여졌을 때 더욱 효과적이다.

수영을 배운다고 생각했을 때 내가 수영하는 방식에 대해 책자를 통해 지식으로 익히고, 수영을 잘하는 사람들의 조언만 들었다고 해서 수영을 잘할 수 있는 것이 아니다. 일단은 물속에 직접 들어가서 경험을 해보아야만 실력이 느는 것이다.

하지만 육아 공부는 단지 경험적인 측면만을 강조하는 것이 아니다. 앞에서 언급한 것처럼 지식을 익히게 되면 자연스럽게 내가 하고 있는 것이 맞는지 아닌지에 대해 스스로 판단을 내릴 수 있기 때문이다. 내가 가르치는 우리 학생들에게 반드시 가르치는 것이 있다. 영유아 아이들의 발달 단계를 외우라는 것이다. 0세부터 만 5-6세까지의 운동 발달, 감각, 인지 발달, 정서, 사회성 발달, 언어 발달 등을 외우는 것이 아이들을 케어하고 교육하는 데 도움이 된다.

이러한 아이의 연령에 따른 발달 단계를 안 상태에서 어린이집이나 유치원에 실습을 나가 아이들을 살펴보면 그 아이들이 제대로 성장하고 있는지 아니면 뒤처지는지를 한눈에 알 수 있다. 학생들은 그러면 아이가 필요한 것을 좀 더 쉽게 파악할 수 있고 도움을 줄 수 있는 교사가 되는 것이다.

부모의 입장에서도 아이에 대해 보다 구체적으로 알면 도와줄 수 있는 방안들이 많아진다. 유아 발달의 상황을 알면 아이들을 보다 쉽게 이해할 수 있다. 어린아이들이 방안에서 걸어 다니다가 넘어져 울게 되면 우리 부모들은 대개 어떻게 하는가? 대부분의 부모들은 아이들을 안아주면서 달래줄 것이다. 그러면서 "누가 그랬어, 이런 못된 것." 하면서 손으로 바닥을 때리는 시늉을 한다. 아이는 이러한 광경을 바라보면 울음을 그치면서 같이 때리는 경우가 있다.

왜 이러한 행동이 가능할까? 일반적으로 생각해보면 말이 안 되는 것이다. 그러나 아이는 엄마의 행동으로 인해 울음을 그치고 행동을 모방하게 되는 것이다. 이를 이해하기 위해서는 아이의 발달을 이해해야 한다.

스위스의 심리학자 피아제가 제시한 인지 발달 과정을 살펴볼 필요가 있다. 초기의 영아들은 어떤 대상이 눈앞에서 사라지면 세상에서 없어지는 것으로 이해한다. 그러니 손으로 가리기만 하여도 없는 것으로 생각하는 것이다. 하지만 8개월 무렵부터는 눈앞에서 사려져도 아예 없어지는 것은 아니라는 것을 이해하게 된다. 그래서 아이 앞에서 인형을 들고 있다고 뒤로 숨기게 되면 아이는 기어서 뒤에 숨긴 인형을 찾게 되는 것이다. 전조작기에 속하는 3, 4세의 아이들은 다른 사람을 잘 배려하지도 이해하지도 못한다. 이는 자기중심적인 사고를 가지고 있기 때문이다.

엄마와 아이 사이에 곰 인형을 두고 아이에게 "곰의 어떤 모습이 보여?" 라고 질문을 하면 "눈이 있고 입이 있어." 등을 말할 것이다. 또 다른 질문으로 "엄마에게 곰 인형이 어떻게 보일까?"라고 질문을 하면 "눈이 있고 입이 있어."라고 역시 비슷한 답을 할 것이다. 이는 타인도 자기가 보았던 것을 볼 것이라고 생각하기 때문이다. 이 시기의 아이들은 조망수용능력이라는 것을 갖지 못한 것이다.

우리가 아이의 발달을 모르면 아이가 엉뚱하게 대답하거나 다른 사람을 배려하지 못한다는 것을 아이의 문제로 볼 수 있는 것이다. 하지만 엄마가 공부를 하게 되면 좀 더 아이를 세밀하게 이해할 수 있게 된다.

부모가 알면 문제에 대응을 잘할 수 있다

첫째 딸 예지는 5살 때까지 오른쪽 엄지손가락을 빨았다. 이로 인해 주변에서 심리적으로 결핍되어 있는 것이 아니야? 뭐 문제가 있는 것이 아니야? 등 말들이 역시 많았다. 게다가 손가락을 빨게 되면서 오른쪽 엄지손가락 손톱이 잘 자라지도 않았다. 아빠인 나 역시 걱정이 되었다. 하지만 아이가 자라는 과정이라는 것을 알게 되면 이런저런 일들이 이해된다. 아이나 성인이나 사람들은 각자의 한계나 단점 혹은 문제점들을 가지고 있다. 결함이 없는 사람은 없는 것이다. 만약에 결함이 없는 존재가 있다면 신의 존재일 것이다.

부모의 입장에서 아이가 단점을 가지고 있다면 우선 장점으로 단점을 커버할 수 있도록 해주는 것이 중요하다. 단점을 조금씩 고쳐나가면 된다. 단점을 반드시 다 고쳐야 한다는 부담감을 떨쳐야 한다. 이점이 바로 비합리적인 신념일 수도 있다.

손을 빠는 행위는 분명한 문제점이고 단점이다. 이유는 심하면 손가락이 봉와직염에 걸릴 수도 있고 손톱이 빠질 수도 있다. 또한 치아에 영향을 주어 치아 모양도 변형될 수 있다. 우리 내외는 아이가 손가락을 빨 때면 2가지 행동을 했다. 첫째는 말로써 주의를 주는 경우이고, 둘째는 자연스럽게 오른손을 사용하도록 놀이를 제공하거나 심부름 등을 시켰다. 이런 노력으로 5세가 되어서는 손가락을 빠는 행동이 사라지게 되었다.

나는 영구치가 나기 전인 5세까지 손가락 빠는 행동을 고칠 수 있다면 크게 문제가 없다고 생각을 했다. 아이에게 너무 행동을 금하는 것을 요구하게 되면 스트레스를 많이 받게 되고 또 다른 문제가 야기될 수 있기 때문이다. 위생가설이라는 학설이 있다. 너무 깨끗한 것을 유지하다 보면 면역성이 떨어지고 아토피나 알레르기 등이 증가하는 것이다. 온실 속의 화초가 외부의 풍파에 잘 견디지 못하는 것처럼 말이다. 그래서 문제가 어찌 보면 문제가 아닐 수도 있는 것이다. 부모가 알고 있다면 그러한 문제에 아이들을 직면하게 할 수도 있는 것이다. 부모가 된 지금 여러분들은 어릴 적에 지닌 나쁜 버릇이나 습관들을 지금까지 가지고 있는가? 일부는 남아 있을 수 있으나 대부분은 사라졌을 것이다. 차라리 성장하면서 새로운 버릇들이 생겨났을 것이다. 부모의 너무 많은 기우가 아이들의 행동을 제한시킬 수 있다는 것을 생각해야 한다.

엄마들이 아이들에게 필요한 시기에 적절한 환경이나 자극을 제공해주는 것은 매우 필요하다. 적절한 자극이나 환경을 제공하면 아이들의 뇌가 활성화되어 시냅스의 수가 급격하게 증가될 수 있고 이는 그 시기의 삶에 영향도 주겠지만 10년, 20년 뒤에 보다 큰 긍정적인 영향을 줄 수 있게 된다.

영국에서 실시된 새끼 고양이 실험이 있다. 이 실험은 정상적인 시력을 가진 새끼 고양이가 앞을 보지 못하도록 눈을 꿰매어 짧게는 2주 길게는 12주 정도를 생활하게 하였다. 그 결과 모든 고양이들이 시력을 잃게 되었다. 정상적인 시력을 가진 고양이들이 눈을 가리고 생활했다는 이유만으로 왜 시력을 상실하게 된 것일까? 고양이들의 눈에 적절한 빛이 들어오지 않아 고양이들의 뇌에서 눈에서 연결된 시신경들이 필요 없는 것으로 판단하고 발달을 시키지 않은 것이다. 적절한 시기에 자극이 되지 않은 결과로 고양이는 시력을 잃은 것이다.

부모의 입장에서의 육아 공부가 필요하다. 우리 아이를 다른 아이들보다 뛰어나게 키우기 위해서가 아니라 부모가 육아 스트레스를 적게 받고 아이들 또한 편안하게 자라기 위해서 필요한 것이다. 부모가 육아에 대한 상식을 알지 못하면 쓸데없는 걱정과 근심, 두려움을 가지고 아이를 양육할 것이고, 불필요한 너무 많은 자극을 제공하거나 절대적으로 필요한 자극을 주지 못하는 경우도 발생한다. 그러니 부모는 지속적으로 육아 공부를 해야 한다.

2

흔들리지 않는 육아 나침반을 가져라

자식 키우기란 자녀에게 삶의 기술을 가르치는 것이다.

– 일레인 헤프너

자신의 육아 철학을 만들어라

'어떻게 하면 부모로서 육아를 잘할 수 있을까?' 하는 고민을 아이를 가진 부모들이라면 누구나 한다. 그래서인지 아이들을 훈육하는 방송이나 유명인들이 아이들을 양육하는 TV 프로그램들이 인기가 많다. 또한 부모 교육 강좌가 개시되는 곳이면 뜨거운 열기를 가진 부모들이 적극적으로 참여를 한다. 이에 우리 아이를 잘 키우기 위한 부모 교육은 어린이집, 유치원, 학교, 관공서 등 때와 장소를 가리지 않고 열리게 된다.

나도 부모 교육 강사로서 부모 교육 특강을 가게 되면 우리 부모님들의 자녀에 대한 사랑을 물씬 느낄 수 있다. 강의를 마치고 질의응답 시간을 가질 때면 미리 준비해왔던 질문들을 적극적으로 하는 어머님도 있고 현재 발생하는 아이의 문제에 대해 질문하는 부모들도 계신다.

한편으로는 이렇게 전 세계적으로 살펴보아도 아이들에게 거의 최상급의 관심을 가짐에도 불구하고 왜 우리 아이들은 그다지 행복하지 않고 힘들어하는 것인가? 부모들의 노력이 이만큼 들였으면 당연히 정비례해서 부모도 행복하고 아이들도 행복해져야 하는 것이 아닌가? 사실 이렇지 못하기 때문에 TV 프로그램, 부모 교육 강좌, 양육 도서들에 관심이 많은 것이 아닐까 한다.

모든 부모는 아이가 태어나면 이 아이를 어떻게 키워야 할지 막막해한다. 나 또한 큰딸 예지가 태어났을 때 예외가 아니었다. 물론 막연하게 자신이 하고 싶은 것을 그리고 자연의 순리에 따라서 키우고자 다짐을 했다. 그러나 아이의 신체는 성인에 비해서 너무나 약했고 성인이 기대하는 것처럼 이루어지지 않았다. 그래서 부모에게 아이를 어떻게 키워야 할지에 대한 철학은 필요하다.

훈민정음 해례본의 첫 구절은 "뿌리 깊은 나무는 바람에 흔들리지 않는다."라고 시작을 한다. 이를 조금 바꾸어서 "뿌리 깊은 육아 상식은 바람에 흔들리지 않는다."라고 써볼 수 있다. 주변에서 쏟아지는 수많은 정보에 휩쓸리고 또한 급변하는 교육 트렌드 사이에서 부모들은 혼란스러워 하고 갈피를 잡지 못한다. 이에 자신만의 뚜렷한 육아 이정표가 있다면 부모들은 육아의 뿌리를 깊게 땅에 내릴 수 있을 것이다.

그러나 첫째 아이인 경우에는 부모가 처음이기 때문에 자신 있게 지금 하고 있는 것이 실제로 제대로 하고 있는가에 대한 의문이 들 때도 있을 것이다. 얼마 전 나는 아이와 함께 주말에 시간을 내어 슬라임 카페에 갔다. 나는 가기 전까지만 해도 슬라임이 무엇인지 모르고 있었다. 와이프가 대학 선배를 만나서 이야기를 하는 도중 미혼인 와이프의 선배가 조카를 데리고 슬라임 카페에 갔는데 조카가 너무 좋아했다는 것이다. 그래서 조카를 여러 번 데리고 갔고 와이프에게 추천을 해준 것이었다.

처음 가보는 곳이라 나 또한 약간의 설렘이 있었다. 아이들의 얼굴에는 기대에 찬 표정이 너무나 선명하게 나타났다. 슬라임 카페에 들어서니 정면과 우측에 다양한 비즈가 배치되어 있었다. 또한 흰색의 넓은 테이블이 10개 정도가 있었고 몇몇 가족들이 열심히 만들고 있었다.

우리는 자리에 앉고 주인으로 보이시는 여성분이 슬라임 하는 방식에 대해 설명해주셨다. 기본 슬라임만 구매해 만져도 되고 비즈를 구매해서 같이 활용할 수 있다고 하였다. 그러면서 사장님은 슬라임은 손으로 만지게 되므로 뇌 발달에 좋고 창의성 발달에 많은 영향을 끼친다고 소개를 해주셨다.

영유아에게 있어서 구체적으로 손으로 만지고 즐기는 것은 정서적이나 인지적으로 좋은 영향을 끼친다. 특히 정형화되어 있지 않고 비정형화된 장난감이나 놀이도구는 아이들의 사고력에 한계를 두지 않기 때문에 슬라임이 아이들에게 적합하다고 나는 생각했다. 그런데 슬라임을 부드럽게 하고 난 뒤 사장님은 아이와 커다란 풍선을 만들며 말했다.

"유튜브에서 다 보셨죠?"

요즘 부모님들은 다 보고 오시고 그래서 다양하게 잘 만드신다고 이야기를 하셨다. 이 순간에 나는 약간 멍해졌다. 슬라임이 무엇인지도 오늘 제대로 알았는데 어떻게 유튜브의 동영상들을 보았겠는가? 짧은 시간이나마 내가 너무 이런 부분에 있어서 아이들에게 무심했는가 하는 생각이 들었다. 하지만 부모들이 어떻게 모든 것을 다 알 수 있을까? 슬라임을 활용하는 놀이를 모르는 것이 당연할 수도 있는 것이다. 만약에 내가 이런 생각을 가지지 못하였다면 나도 괜히 죄책감을 느끼게 될 뻔했다.

부모는 같은 육아 나침반 방향을 향해라

부모라고 해서 모든 것을 아이들에게 다 해줄 필요는 없다. 부모로서 내가 할 수 있는 부분을 현재에 충실하게 하면 된다. 내가 미리 슬라임을 알지 못해 아이들이 손으로 창의성을 증진시키는 데 기여하지 못했다는 생각은 할 필요가 없다. 그냥 슬라임 카페에서 아이와 함께 즐겁게 웃으면서 재미있게 즐기면 되는 것이다. 만약 만드는 방법을 잘 알지 못하면 아르바이트생이나 사장님께 물어보면 되고 다양한 방식에 대해 좀 더 알고 싶다면 유튜브에 동영상이 많다고 하니 바로 검색해서 참고하면 되는 것이다.

주변의 시류에 너무 예민할 필요 없이 나만의 명확한 육아 철학을 가지는 것이 좋은 것이다. 우리 아이가 어떤 아이가 되었으면 좋겠는가? 이를 위해서 부부는 어떤 것에 대해 공유를 하려고 하는가? 이러한 고민들이 먼저 이루어져야 한다. 다른 사람이 무엇이 좋다, 무엇이 좋지 않다고 하는 것에 귀를 기울이다 보면 우리 속담처럼 거름 매고 장터 따라갈 수 있기 때문이다. 그리고 우리 아이를 어떤 아이로 키우고 싶은가에 있어서 직업적인 부분으로 한정시키는 것은 보류하도록 하자. 직업으로 한정을 시키는 순간 아이의 특성이나 끼를 살피기보다는 그 직업인이 되기 위한 역량에 초점을 맞추게 되기 때문이다.

만약 부모 입장에서 자녀가 의사가 되기를 원한다면 자연스럽게 의사와 관련된 곳으로 관심을 두게 될 것이다. 한번 생각해보라. 의대에 입학하려면 최소한 전국 1% 성적에 들어가야 할 것이다. 이 점은 학창시절을 보내본 우리나라의 부모들이라면 다 알 것이다. 의사가 목표가 되는 순간에는 아이는 자신의 끼를 발산할 수 있기보다는 학업 쪽으로 자연스럽게 초점이 이동되게 된다.

아이가 만약에 학업적인 부분에 관심이 많이 없다든가 혹은 학업은 되지만 적성에 맞지 않다면 어떻게 할 것인가? 의대에 진학한 많은 학생 중에 피를 두려워하여 의대를 포기하는 경우가 종종 있다. 그러니 직업을 어릴 적부터 주입시키지 않는 것이 좋다. 그리고 육아의 철학은 부부가 방향이 같아야 한다. 예를 들어 체벌에 있어서도 한쪽은 찬성하고 다른 한쪽은 반대를 한다면 아이의 양육에 있어서 불균형을 발생시키기 때문이다. 이에 부부가 육아 철학에 관한 대화를 진지하게 나누는 것이 중요하다. 서로가 생각하는 육아의 방향을 적어보고 시간이 날 때마다 함께 의논을 해보라. 그래야 육아라는 배에 '오월동주'가 아닌 유람선으로 진정한 평화로움을 즐길 수 있다.

태평양의 바다에서 서양의 대항해 시대 때 어떻게 동양으로 남미로 망망대해를 건너서 갈 수 있었을까? 그것은 별자리와 북극성, 새들의 움직임 등을 통해서 거친 뱃사람들이 방향을 알고 그 긴 항해를 할 수 있었던 것이다. 육아도 마찬가지로 부모가 아이를 바라볼 수 있는 명확한 육아 나침반을 가지고 있는 것이 너무나 중요하다. 나침반이라고 하는 것은 방향을 알게 하고 내가 나갈 방향을 알려주는 것이다.

3

아이를 망치기 싫으면 가르치지 마라

부모의 좋은 습관보다 더 좋은 어린이 교육은 없다.

– 슈와프

아이가 원하는 것을 살펴라

사람은 배운다고 해서 다 아는 것도 아니고, 안다고 해서 아는 것을 다 실천하는 것도 아니다. 분명한 것은 아이가 배울 준비가 되어 있고 그러한 상황에서 학습이 이루어지면 적극적으로 배우고 배운 것을 실천하려고 한다. 부모들은 아이들보다 모든 면에서 많이 안다. 그래서 가르쳐주고 싶어 한다. 하지만 아이들은 부모들이 가르쳐주고 싶어 하는 것들을 모두 배울 생각도 마음도 없다.

교사 시절에 수업을 하면 아이들의 반응이 참으로 다양하게 나타났다. 눈이 반짝이면서 하나라도 더 들으려고 하는 아이, 빨리 쉬는 시간이 되기를 바라는 아이, 이해가 잘 되지 않는다는 표정을 짓는 아이 등 다양하다. 이렇게 아이들은 똑같은 설명을 듣는데도 불구하고 다른 형태로 반응하는 이유는 무엇일까?

수업에 임하는 태도의 차이이다. 아이들이 수업에 임할 때 열심히 할 것인가? 하지 않을 것인가? 상당한 부분을 차지하는 것이다. 물론 수업의 내용에 따라서 아이의 흥미가 변화될 수가 있다. 그래서 똑같은 교사가 수업을 하더라도 과목이 바뀌면 아이들의 수업에 임하는 태도도 변화가 있는 것이다.

"아빠, 무슨 책 읽을까?"
"네가 읽고 싶은 책."
"아빠가 골라주세요."
"아니, 네가 골라서 가지고 오세요."

딸아이와 실랑이가 아닌 실랑이를 벌이다 아이가 책을 가지고 온다. 나는 가능하면 아이가 책을 가지고 와서 읽도록 한다. 내가 추천을 해서 아이가 읽는 것이 독서의 양식으로는 균형을 맞출 수 있다. 하지만 아이가 원하는 내용이 아닌 내가 가르치고자 하는 내용을 선택할 수가 있다. 이럴 경우에는 아무리 의도가 좋더라도 책을 조금 읽다가 다른 책을 가지고 온다든지 혹은 책 읽기를 그만두는 경우가 있다. 그래서 나는 자신이 선택한 책을 읽도록 하고 궁금한 내용이 있으면 보충으로 설명을 한다. 혹시 아이가 더 궁금해할 것을 생각해서 집안에 있는 좀 더 알 수 있는 책을 추천해준다.

부모들은 아이들이 독서를 많이 하면 무조건 좋다고 생각을 해서 독서를 과하게 시키는 경우가 있다. 몇 년 전 TV 프로그램에 5세가 되기 전에 책을 1만 권 이상 읽어 출연한 영재 아이가 있었다. 이때 부모는 아이가 독서를 잘할 수 있게 한 것에 대해 인터뷰를 하고 영재 아이로 기른 부모로 자부심도 대단하였다. 하지만 독서를 많이 한 아이는 '초독서증'이라는 진단을 받았다. 초독서증은 자폐증 증상과 비슷하다. 유아기에 가장 좋은 교육의 하나인 그림책 읽기가 과잉 독서 형태로 바뀌었을 때 나타나는 부작용이다. 두뇌가 미성숙한 아이에게 텍스트를 과도하게 주입한 결과, 의미는 전혀 모르고 기계적으로 문자를 암기하게 된 상태를 말한다.

나이에 비해 어려운 단어를 쓰거나 문어체로 말해 겉보기에 영재나 천재처럼 보일지 몰라도 자신이 말한 내용이 무슨 의미인지 정확히 알지 못한다. 대개 대인관계와 의사소통에 어려움을 겪는다. 부모는 아이가 책을 좋아해서 책을 읽도록 환경을 만들어주었다. 부모의 관심과 사랑은 너무나 당연한 것이라 볼 수 있다. 하지만 이때 부모는 독서를 많이 하는 것이 좋다는 생각으로 아이의 사회성 발달에서 상호작용에 대해 중요시 여기지 않은 부분이 있다. 그러니 아이는 자기와는 대화를 할 수 있으나 다른 사람과는 대화를 하지 못하는 상황이 되는 것이다.

아이와 상호 의견을 나누어라

부모가 중요하게 여기고 가르치는 것이 절대로 부정적이라고 말하는 것은 아니다. 하지만 아이는 성장하면서 올바른 상호작용을 통해 대화도 하고 옳고 그름에 대해서도 판단을 하고 자신의 감정도 표현할 수 있어야 하는 것이다. 하나의 교육적 목적을 위해서 다른 활동들이 희생이 되어서는 안 된다. 인간은 사회적 동물이기에 사회라는 틀에서 벗어나서 살 수가 없다. 그러므로 다른 사람과 함께 살아가는 방법을 배우는 것이 중요하다.

여러분이 돈을 빌려주었는데 그 돈을 받지 못하는 상황이 되었다고 생각해보자. 얼마나 속상하고 화가 날까? 이럴 때 속상한 마음을 떨쳐버리기 위해 친구들을 만나게 될 것이다. 영희라는 친구는 말한다.

"내가 돈 못 받는다고 했지? 내 말을 들으라고 그렇게 이야기를 했는데."

물론 친구의 말이 하나도 틀리지 않고 다 옳은 말이다. 그런데 듣기 싫고 화만 더 나면서 '내가 왜 이 친구를 불렀지.'라는 후회가 밀려든다. 또 다른 친구 지숙은 말한다.

"많이 속상하지, 니 마음을 내가 알 것 같다."

그냥 지숙에게는 믿음이 가고 고마운 마음이 든다.

우리의 아이들도 같다. 아이들이 잘못한 일이 있다고 하면 어린아이들도 자신이 잘못한 것을 안다. 집에 금붕어 두 마리를 키우고 있었다. 둘째 가윤이가 실수로 금붕어에게 먹이를 수면이 빨갛게 될 만큼 많이 주었다. 그래서인지 금붕어 중 한 마리가 죽었다. 금붕어가 죽은 것을 보고 누가 먹이를 주었는지 물어보았을 때, 둘째의 얼굴이 굳어 있었다. 그래서 나는 말했다.

"금붕어가 죽어서 우리 모두 슬프다. 이제 하늘나라로 갔으니 어떻게 하면 좋겠니?"

"땅에다 묻어주어야 해요."

우리는 모종삽과 함께 죽은 금붕어를 들고 아파트 뒤편 화단에다 기도를 하고 묻어주었다. 아이들은 금붕어가 죽은 것에 대해 슬퍼하면서 다시는 죽지 않도록 더욱더 잘 돌보겠다고 했다. 만약 내가 아이에게 "왜 이렇게 먹이를 많이 주었니? 먹이를 적당히 줘야 해." 등 사실적인 내용을 가르친다고 해도, 아이가 잘 듣지 않을 것이다. 잘못하면 본인이 잘못한 것은 잊어버리고 아빠가 잔소리를 한다는 것만 생각하게 된다.

이렇게 된다면 아빠로서 내가 가르치고자 하는 소기의 목적은 사라지게 되는 것이다. 아이는 배우고자 할 때만 배운다. 부모가 아무리 옳은 것을 가르치려고 하더라도 아이가 받아들일 준비가 되어 있지 않을 경우에는 공염불로 그치게 된다.

무엇보다도 아이와의 관계가 훼손될 수 있다. 우리는 말을 물가에 끌고 갈 수는 있어도 물을 먹일 수는 없다는 것을 잘 안다. 말에게 물을 먹이고 싶다면 우리는 기회를 만들거나 탐색을 해야 한다. 말을 쉬지 못하게 운동을 시키거나 혹은 말이 목이 마른 순간에 물을 마시게 하는 것이다.

마찬가지로 우리 아이들에게 무엇인가를 가르치려고만 한다면 아이들은 순수하게 받아들이지 못하고 저항을 하게 될 것이다. 이는 우리가 원하는 아이의 상으로 키우는 것이 아니라 망쳐버리는 것이다. 그러므로 가르치려고만 하지 말아야 한다.

4

육아는 티칭이 아니라 코칭이다

생각하는 것을 가르쳐야 하는 것이지, 생각한 것을 가르쳐서는 안 된다.

– 코넬리우스 걸릿

아이를 참여시켜라

최근 교육의 방식은 티칭(teaching)이 아니라 코칭(coaching)으로 변모되고 강조되고 있다. 우리는 티칭과 코칭이 비슷한 것으로 생각하기 쉽다. 우선 간단하게 소개를 하면 티칭이 교사의 입장에서 학습자에게 노하우와 지식 등을 꼼꼼히 지도하는 것이라면, 코칭은 아이 스스로 답을 찾아갈 수 있도록 적절한 피드백으로 도움을 주는 것이다. 보통 티칭이라 하면 교사가 학습자에게 지식이나 기술을 전달하는 수업과 훈련 등 모든 활동을 지칭하는 것이지만 부모가 생활 습관이나 특정 상황에서 문제 해결을 위한 지식과 기술을 가르치는 것도 해당된다.

부모들이 자녀들에게 티칭해야 할 순간들이 있다. 예를 들면 안전 교육, 공공질서 준수 그리고 아이가 너무 어리거나, 상황에 대한 경험이 몹시 부족할 경우 옳고 그름을 제대로 분간할 수 있도록 단호한 가르침이 필요한 순간들이다.

부모의 티칭은 아이들이 배우고자 하는 순간이 있다면 빛이 나지만 일방적인 티칭의 경우에는 소기의 성과를 얻지 못한다.

코칭은 사륜마차를 뜻하는 'coach'라는 영단어에서 유래된 단어로, 사람을 목적지까지 운반해 목표점에 다다르도록 인도한다는 의미를 갖는다. 코칭에서는 부모가 일상생활, 학습, 생활 습관 등 다양한 부분에서 아이들이 일정한 목표를 세우고, 그에 도달할 수 있도록 동기 부여를 하고 자신감을 고취시키도록 돕는다. 티칭이 지식을 제공하고 가르치는 것에 초점을 맞추고 있다면, 코칭은 아이의 가능성이 충분히 발현될 수 있도록 조언하고 도움을 주는 역할이다.

부모들이 '아이를 어떤 아이로 키우고 싶은가?'라는 질문에 답변을 할 수 있는 것이 매우 중요하다. 우리 집 아이들의 일상생활 속의 한 장면이다.

"엄마, 나 그림 그리고 싶어."

"어떤 그림을 그리고 싶어?"

"나무와 나비를 그리고 싶어."

"네가 원하는 재료들을 이야기하렴."

와이프는 아이들이 그림을 그리고 싶어 하면 자연스럽게 아이들이 그리고 싶은 그림과 재료 등을 물어본다. 그런 후 필요한 재료들을 준비해 두고 그 외에도 혹시 관심을 가질 만한 재료들도 같이 놓아둔다.

아이들이 크레파스와 색연필로 그림을 그리다가 물감이 있으면 자연스럽게 붓과 물통을 요구하면서 또 다른 그림을 그린다. 우리의 경우에는 아이가 그림을 그리면 일단은 말을 하지 않고 지켜본다. 아이들은 호기심이 많고 나무나 나비를 그릴 때 본인들이 원하는 색을 만들어서 색칠을 하고 싶어 한다. 그러면 힌트를 조심스럽게 준다. 예를 들어 주황색을 만들고 싶다고 하면 주황색에 가까운 색들을 찾도록 한다. 처음에는 어려워하지만 여러 번하게 되면 비슷한 계통의 색깔을 찾게 된다. 시간적 여유가 있으면 각 색들을 섞어보게 하는데 한 번에 하기에는 너무 많은 시간이 소요되어 보통은 그때그때마다 자신들이 섞어보는 경험을 통해 알게 한다.

초등학교를 다니는 큰아이는 빨강과 노랑이라고 말을 하면 둘째 아이도 당연히 알았다는 듯이 빨강, 노랑색이라고 언니의 말을 따라 하고 색을 섞는다. 형제들 간에는 자연스럽게 모방을 통해 배우게 된다.

색을 혼합하는 이 과정에서 많은 부모가 도와주고 싶어 한다. 왜냐하면 대부분의 유아의 경우에는 아직 소근육이 제대로 발달되지 않아 물감을 짜거나 섞는 데 어려움을 가지기 때문이다. 우리의 경우에는 특별히 도와달라고 하지 않는 한 도와주지 않는다. 문제 상황에 대해 궁금해하거나 약간의 도움을 주면 이해도가 높아지는 순간에 조력자로서 도와준다.

아이가 빨강색과 노랑색을 섞어서 주황색을 만들고 난 뒤 조금 더 진한 주황색을 만들고 싶다고 한다. 그러면 질문을 한다.

"어떻게 하면 될까?"

짧은 시간이지만 아이들의 표정에서 수많은 고뇌를 읽을 수 있다.

"모르겠는데."라는 대답을 하기도 하고 "빨강색"이라고 대답하기도 한다. 그러면 대답한다.

"엄마도 빨간색을 더 섞으면 될 것 같은데."

아이들은 신이 나서 색깔을 섞으면서 자신이 선택한 결과에 대해 자부심을 느끼게 되는 것이다. 분명 부모의 의도가 내포된 부분이 있다. 결과를 아이가 만들어냈기 때문에 아이는 자신에 대한 자부심을 가진다. 그리고 보다 새로운 일에 도전할 기회를 만들고 거침없이 도전한다.

어린아이의 재미있는 특성이 있다. 일반 성인들이 생각하는 것과 달리 아이들은 자신들이 조금만 같이 하여도 자신들이 했다고 생각한다. 그래서 유치원에서 만들기를 할 때 유치원 선생님이 비록 대부분 도와주었더라도 마지막에 풀을 활용해 붙이는 일을 하였다면 자신이 한 것이 된다. 그러니 부모들은 아이들을 가르쳐서 그대로 따라 하도록 하기보다는 기다려주고 아이들 자신이 선택하도록 해주어야 한다.

권위 있는 부모가 되라

아이와의 관계에 있어서 중요한 것은 바로 상호작용인데 그중에서 가장 중요한 것이 정서적 교감이다. 부모들의 유형에 따라 접근하는 것이 다를 수 있다. 사회학자 르우벤 힐은『미네소타 보고서』에서 부모의 유형을 허용하는 부모, 태만한 부모, 권위주의적 부모, 권위 있는 부모 4가지로 나누었다. 허용하는 부모는 사랑 수치는 높지만 훈계 수치는 낮은 부모이다.

허용하는 부모는 자존감이 매우 낮고 열등감이 큰 자녀를 만든다. 언제나 자녀에게 "오냐, 오냐" 하는 부모이다. 자녀가 말을 계속 안 들으면 돈을 주면서 "가서 아이스크림 사 먹어라."라고 하는 부모가 허용하는 부모이다. 이런 부모는 말 안 듣는 자녀에게 뇌물을 주는 부모이다. 부모가 이렇게 하면 자녀는 '내가 엄마 아빠 말 안 들어도 괜찮네. 아니 말 안 듣는 게 더 낫네.'라는 메시지를 받는다. 태만한 부모는 사랑도 표현하지 않고, 훈계도 일절 하지 않는 부모이다. 자녀를 아예 버리다시피 해놓은 부모이다. 자녀를 하나님께 기도로 다 맡겼다고 하면서 자녀에게 관심을 보이지 않는 부모도 태만한 부모이다. 이런 부모의 자녀는 부모와 친밀함을 전혀 느끼지 못하고 버림받았다고 느낀다. 권위주의적 부모는 사랑은 잘 표현하지 않지만, 훈계는 매우 엄격한 부모이다. 이런 부모와 자녀 사이의 의사소통은 말다툼이나 싸움의 형태로 나타난다. 권위주의적 부모는 자녀가 가출하지 않고는 못 배길 때까지 자녀를 쥐어짠다. 자녀는 부모에 대한 애정을 전혀 느끼지 못하고 늘 반항심만 가득하다. 마지막으로 권위 있는 부모는 사랑과 훈계를 잘 조합한 부모이다. 횡포를 부리는 권위주의자가 아니라 따뜻하지만 엄격한 권위를 지니고 있다. '하라, 하지 마라.'의 분명한 선이 있지만, 매우 따뜻하다. 이런 부모 밑에서 자란 자녀는 자존감이 높고 부모를 본받고 싶은 마음이 가득하다. 티칭이 아니라 코칭을 하는 부모는 일반적으로 권위 있는 부모들이다.

아이들에게 부모들이 가르치려고만 한다면 소기에 원했던 결과를 성취하지 못할 것이다. 그러므로 부모들은 아이들이 목표로 하는 동기를 제대로 인식하고 도와줄 수 있는 조력자로서 코칭을 해야 할 것이다. 물고기를 잡아주기보다 잡는 방법을 알려주는 것이 중요하다. 방법적인 측면에서 부모의 권위를 가지고 아이의 마음을 이해하면서 코칭하는 것이 필요하다. 부모의 입장에서 많은 것을 쏟아낸다고 해도 아이가 받아들일 수 있는 넓이는 한정되어 있다. 그러므로 아이의 상황을 헤아려가면서 원하는 것을 하도록 해야 한다. 그렇게 한다면 부모도 아이도 행복한 날을 만들 수 있을 것이다. 육아도 티칭이 아니라 코칭인 것이다.

5 아이 발달의 결정적 시기를 잡아라

혹시 어른들의 욕심으로 아이들을 힘들게 하고 있는 건 아닌가요?

– 드라마 〈스카이 캐슬〉

영유아 발달 단계를 알자

요즘 아이들은 학교, 유치원, 어린이집의 교육을 제외하고도 사교육을 받고 있다. 이는 죄수의 딜레마처럼 우리 아이만 하지 않으면 다른 아이들에게 뒤쳐지지 않을까 하는 두려움이 앞서기 때문이라고 생각한다. 그러나 우리가 생각해볼 것은 아이들은 성장에 있어서 결정적인 시기가 있다. 신체적, 인지적, 정서적, 사회적으로 결정적 시기를 놓치게 되면 정상적인 삶을 유지하기가 쉽지 않게 된다.

그래서인지 교육과 심리학이 전공자인 나에게 친구들이 아이 상담을 위해 연락을 한다.

"학교 폭력에 아이가 연관이 되었는데 어떻게 해야 할까요?"

"아이가 다른 아이들보다 언어 발달에 문제가 있어 보이는데 어떻게 해야 할까요?"

"신체적으로 문제가 보이는데 어떻게 하죠?"

다양한 고민거리를 말한다. 이러한 문제들 중에서 절대적으로 놓치지 말아야 하는 것이 있다. 발달에 있어서 정상적인 부분에 속하는가 아니면 그렇지 못한가를 아는 것이다.

아이가 말을 하는데 또래들보다 말이 늦고 무슨 말을 하는지 모르겠다는 친구가 있었다. 나는 이야기를 들으면서 아이가 말이 늦는 것이 언어를 배우는 과정에 있어서 정상 범위에 있으면 큰 문제가 없다고 했다. 하지만 말을 잘 알아듣지 못할 정도로 말소리가 불분명하면 언어치료 진단을 받아보도록 권했다. 언어 장애의 경우에는 빠른 시기에 교정을 하면 정상적인 아이와 같이 되지만 일정한 시기를 놓치게 되면 예후도 좋지 않다.

부모는 아이들의 발달 포인트를 알고 있으면 육아를 할 때 도움도 되고 두려움도 많이 줄일 수 있다. EBS의 〈아이의 사생활〉에서 연령별 언어 발달의 내용을 살펴보면 다음과 같다. 13개월에서 18개월의 아이는 '주로 한 단어를 문장처럼 쓴다. 엄마의 간단한 심부름을 알아듣고 해낼 수 있다. 또한 이해하는 단어가 많아진다.', 만 2세에서 3세 아이는 '200-300개의 어휘를 구사한다. 전보문처럼 두 단어를 사용하다가 3-4개의 단어를 이어서 말한다. 의문문과 부정문도 가끔 사용한다. 이해하는 언어는 약 500-900개이다.' 등이다.

이와 같은 내용을 부모가 숙지하고 있으면 우리 아이가 정상적인 발달을 하고 있는지에 대해 쉽게 이해할 수 있다. 하지만 아이가 만 2세, 3세가 되었음에도 불구하고 엄마가 말하는 것을 잘 이해하지 못하고 말하는 수준도 옹알이 수준이거나 입안에서 우물우물하는 말을 한다면 검진이 필요한 것이다.

첫째 딸 예지는 28개월 정도까지 말을 거의 하지 못하고 엄마, 아빠 정도의 간단한 말만 하였다. 이에 주변의 많은 분이 조심스럽게 우리 내외에게 아이가 언어 발달에 문제가 있지 않는가 하는 말을 하였다. 나 또한 조바심도 생기고 두려움도 앞섰다. 하지만 나는 두 가지 면에서 우리 아이가 정상적으로 성장하고 있다는 믿음을 가지고 있었다. 첫째는 말은 제대로 하지 못했지만 손짓, 몸짓으로 자신이 전달하고 싶어 하는 것을 다 전달을 하였다. 이 행동에서 알 수 있는 것은 부모가 이야기하는 것을 제대로 인식하고 그것에 대해서 자신의 의견을 나타낼 수 있다는 것이었다. 둘째는 아이의 평소 행동을 살펴볼 때 자기가 잘할 수 있을 때 적극적으로 임하는 것을 발견하게 되었다. 이에 예지는 아직 말을 할 준비 단계가 덜 되었다고 나는 생각하였다. 그러자 29개월이 되는 순간에 아이가 말을 정말로 잘하게 되었다. 지금은 다른 아이와 별 차이가 없지만 그 당시에는 또래의 부모들이 예지가 말을 잘한다고 정말로 부러워하였다. 얼마 전만 해도 말을 잘하지 못해 치료를 받아야 하지 않느냐고 언급되던 아이였는데 말이다.

아이에게는 배움의 시기가 있다

적절하게 교육적인 환경이나 자극이 아이에게 제공이 되지 않아 발달에 있어서 결정적인 시기를 놓치는 경우가 있다. 이러한 경우는 심각한 결과를 초래할 수 있다. 현실 속 '타잔'이라 불리는 샴데오의 경우이다. 샴데오는 인도의 한 밀림에서 늑대와 함께 자라다 4살 무렵이던 1972년에 사람들에 의해 발견되었다. 발견 당시 소년의 피부는 시커멓고, 치아는 뾰족했으며 손톱은 갈고리처럼 긴 상태였다. 샴데오는 마치 '타잔'처럼 늑대와 함께 뛰어놀았고 같은 음식을 먹었으며 늑대 곁에서 잤다. 소년은 닭을 직접 사냥해 먹었고 '피'를 심하게 갈망했다. 소년을 정상적인 인간으로 되돌리기 위해 학자와 의료진들의 노력에도 불구하고 끝내 말을 거의 하지 못했고, 1985년에 사망했다.

샴데오의 경우와 같이 언어를 배울 시기를 놓치는 경우에는 지속적인 자극과 노력에도 불구하고 바로 잡을 기회가 없다. 아이의 성장 발달에 때가 있다는 것이다. 아이들의 발달이 무조건적으로 이루어지는 것이 아니라 다 적절한 시기가 있고, 그 시기에 더 필요한 자극이 존재한다. 이러한 시기를 '결정적 시기' 혹은 '민감기'라고 부른다. 이 결정적 시기는 태어났을 때부터 만 6세까지의 시기에 대부분 진행된다. 이 시기에 적절한 자극을 제대로 주게 되면 아이는 제대로 된 발달을 할 수 있다. 그러나 이 시기를 놓치게 되면 샴데오와 같이 어떤 특정 영역의 발달이 더뎌진다. 따라서 아이들이 제대로 발달하기 위해서는 해당 결정적 시기에 부모가 영역에 맞는 자극을 충분히 줄 수 있는 환경을 만들어 주어야 한다.

'결정적 시기'는 정해진 것이 아니라 영역마다 각기 다르다. 양손 사용의 결정적 시기는 2개월에서 2세 사이이며 이때 아이는 손을 사용해서 자신의 몸을 만지고 손을 빤다. 또한 손을 뻗어 물건을 잡는 등 다양하게 양손을 사용한다. 질서에 대한 결정적 시기는 출생에서 6세 사이이며 사물과 공간에 대한 관심, 자신의 신체에서 시작해서 환경으로 관심과 공간 감각을 확장시킨다.

여러 가지 결정적 시기에는 어떤 역할을 해주는 것이 좋은가? 여기에서 세 가지 정도를 제시하고자 한다.

첫째, 아이의 욕구가 충족되도록 해주어라. 영유아기의 아이들은 본능에 충실한 활동을 주로 한다. 하고 싶은 것을 하고, 보고 싶은 것을 보고,

만지고 물고 싶은 것을 해보는 것이다. 이에 부모가 아이를 돕는 것은 간단하다. 아이가 원할 때 아이가 원하는 것을 돕는 것이다. 아이가 바라는 것이 있다고 느껴지면 아이의 욕구를 즉각적으로 채워주려고 노력하는 것이다. 모든 행동을 다 해주어 아이의 탐색 경험을 빼앗거나 아이가 잘못되거나 버릇이 나빠질까 봐 도와주지 않는 부모가 있는데 이 모든 경우는 아이들의 발달을 저해하는 것이다. 아이가 스스로 해볼 수 있는 환경을 조성해주어야 한다. 예를 들어 아이가 관심을 보이는 사물이 멀리 있으면 아이의 곁으로 가져다주거나, 아이가 다루기 어려워해서 엄마에게 도움을 요청하면 그 순간에 아이가 해낼 수 있도록 살짝 도와주는 것이다.

둘째는 아이의 근육 발달을 도와주어라. 이 시기의 아이들은 근육이 점점 발달하면서 점점 활동량이 많아진다. 손을 뻗어서 쥘 수 있게 되는 생후 5-6개월 시기의 아이들은 손을 지속해서 사용한다. 물건에 손을 대보거나 잡기도 하고 옮기거나 던지고, 심지어는 무조건 입에 넣어보기도 한다. 보고 만지고 냄새 맡고 입으로 느껴보는 과정을 통해서 물건과 세상에 대한 정보를 수집하고 두뇌를 깨우는 것이다.

이 시기에 부모가 할 일은 아이에게 위험한 물건이 있다면 아이가 만지거나 보기 전에 미리미리 치워놓거나 위험하지 않도록 조치를 취하는 것이다. 아이들은 입에 넣는 경우도 많기 때문에 깨끗하게 세척을 해두는 것도 중요하다. 아이가 관심이 있어서 다가가는 중에 부모가 물건을 치우거나 제지를 하면 아이는 당황스러워한다. 즉 탐색과 욕구를 충족시켜질 기회를 빼앗은 것이기 때문이다. 아이가 바라는 물건을 충분히 탐색할 기회를 만들어주기 위해, 많이 위험하지 않으면 아이가 만지도록 해주는 것이 좋다. 이러한 지속적인 활동을 통해서 아이의 대근육과 소근육이 발달하게 된다.

셋째, 아이의 행동에 부모는 반응을 해주어라. 예를 들어 아이가 어릴 적에 옹알이를 많이 하는데 아이가 옹알이를 할 때마다 부모가 반응을 해주는 것이 중요하다. 아이는 자신의 행동에 대한 즉각적인 결과물이 돌아올 때 행동의 연관성을 깨닫게 되고, 점점 더 그 행동을 많이 하게 될 것이다. 이러한 부모들의 지속적인 반응은 아이의 욕구 충족뿐만 아니라 여러 발달에 도움이 된다.

아이들의 발달은 일정한 방향과 시기가 있다. 이러한 시기를 부모가 잘 알고 올바른 자극을 제공한다면 언어, 사회, 정서 발달 등 다양한 부분에서 아이들이 올바르게 성장을 할 수 있게 된다. 그러니 부모가 아이 성장의 결정적 시기를 아는 것은 중요하다.

6

가장 중요한 것은 육아 타입이다

왜 좀 다른 게 어때서? 서로 달라도 얼마든지 사랑할 수 있는 거야.

– 영화 <마당을 나온 암탉>

신뢰감과 자율성 시기

영유아기 및 아동기의 부모들이 알아야 할 발달심리가 있다. 아이들이 무엇을 배워야 하는지를 알려주는 연령에 맞는 안내서와 같다. 아이들은 태어나 자라면서 시기별로 획득해야 할 발달과업이 있다. 발달심리학자 에릭슨은 발달을 8단계로 나누고 각 단계마다 거쳐야 하는 발달과업과 대칭적 개념인 발달위기를 함께 제시했다. 각 시기별 심리적 발달과업을 제대로 획득하는 아이의 경우에는 긍정적이고 행복하게 성장할 수 있다. 반면에 심리적 발달과업을 제대로 획득하지 못할 경우에는 아이가 위축되고 소심해지고 열등감을 가질 수 있다. 발달과업이 미성취되면 성장하면서 미해결 과제로 남아 살아가는 데 여러 가지 어려움을 겪을 수 있다.

이에 부모는 아이가 성장하는 중요한 육아 타임에 시기별로 적절한 육아를 제공하는 것이 중요하다.

만 0-1세는 아이에게 신뢰감을 심어주어야 하는 시기이다. 이 시기의 영아는 기본적 신뢰감이나 기본적 불신감이 발달한다. 이 시기의 영아는 최초의 사회적 관계인 엄마와의 사회적 상호작용을 통해 이후 맺게 되는 다른 사람들과의 사회적 관계의 기초를 형성한다. 즉, 엄마와의 안정적인 애착을 통해 세상과의 신뢰를 쌓아간다. 이 시기의 발달과업은 아이의 욕구를 즉각적으로 충족시키는 것이 중요하다.

아이가 우는 경우는 상당히 다양하다. 아이가 배가 고파서 울면 아이에게 모유나 분유를 먹이면 된다. 이때 분유를 줄 경우에는 너무 뜨겁지도 차갑지도 않게 적절한 온도의 분유를 주면 된다. 기저귀에 대소변을 쌌을 경우에는 미소를 지으면서 기저귀를 갈아주면 된다. 이 때 아이가 배변을 잘했다고 눈으로 인사도 해주고 안아주고 이런저런 말을 걸어주는 것이 좋다. 이러한 행동은 배변이 부끄러운 것이 아니라 내면에서 자랑스러운 것으로 인식되게 한다. 또 잠이 와서 칭얼거리면서 울면 엄마는 아이를 안아주면서 자장가를 불러주며 잠을 재워준다. 잠자리는 포근하면서 너무 춥지도 덥지도 않게 세심하게 아이를 보살피는 엄마의 행동은 이 시기의 발달과업인 신뢰감을 쌓게 해준다.

이런 보살핌을 받은 아이는 '세상은 참 믿고 살 만한 곳이구나. 내가 필요할 때마다 나를 도와주는 사람도 있고 나를 편안하게 해주는 곳이구나.'라는 생각을 자연스럽게 하게 된다. 그리고 자신을 이렇게 지극하게 돌봐주는 것으로 자신이 매우 소중하고 귀한 존재인 것으로 인식하게 된다. 많은 직장맘들은 자신들이 이렇게 해주지 못하는 것에 대해 걱정을 많이 하는데 주 양육자가 항상 안정적으로 돌봐주면 큰 문제는 없다.

그런데 아이가 여러 가지가 불편해서 우는데도 불구하고 즉각적으로 아무런 반응이 없을 때가 있다. 주 양육자가 개인적인 성향이나 혹은 다른 일로 인해 바로 오지 못하고 아이가 불편함을 느끼고 지치는 경우가 있다. 물론 한두 번 이런 일이 발생한다고 해서 문제가 되는 것은 아니다. 하지만 이 시기에 엄마가 아이에게 즉각적으로 반응하지 못하는 경우가 많고 반응을 보이더라도 애착 없이 기계적으로 처리하는 경험이 누적되고 쌓이면 아이는 심리적으로 불안과 좌절감으로 세상에 대해 불신을 가지게 된다. 즉 세상을 믿지 못하게 되는 것이다. 이에 성공적인 사회적 적응을 위해서는 이 시기에 기본적인 신뢰감이 형성되어야 한다. 따라서 생후 1년 동안 엄마와의 관계 안에서 형성되는 영아의 신뢰감은 매우 중요하다.

만 2-3세는 자율성을 키워야 하는 시기이다. 이 시기의 아이들은 무조건 자기들이 하고 싶어 한다. 엄마의 입장에서는 잘하지 못하기 때문에 불안한데도 불구하고 "내가, 내가"라고 말하면서 무엇이든 자기들이 하겠다고 떼를 쓴다. 이 시기의 유아들은 자기 자신의 문제를 스스로 해결하려 하고, 언어를 통해 자신이 독립적인 존재임을 표현하려고 한다. 이전까지는 부모가 해주는 일을 그대로 받아들였다면 이제는 무엇이든 내가 스스로 해보려고 하는 것이다.

이 시기의 아이들은 스스로 밥을 먹으려고 숟가락을 든다. 이런 경우에는 스스로 먹으려고 하는 행동에 중점을 두고 혼자서 할 수 있도록 격려를 해주는 엄마와 밥을 먹다가 흘리는 것에 대한 걱정으로 혼자 먹지 못하게 하는 엄마가 있다. 어느 엄마가 아이에게 자율성을 배울 기회를 제공하는 것일까?

부모는 아이의 자율성을 지켜봐주면서 실수를 하더라도 긍정적인 성취를 찾아서 칭찬을 해주어야 한다. 밥을 먹겠다고 숟가락질을 여러 번 해도 한 번 밖에 성공하지 못했다면 "와 이번에는 제대로 잘 먹었네."라고 해야 한다. 그러면 스스로 자랑스럽게 여기고 뿌듯하게 생각할 것이다. 반면에 아이의 자율적인 행동을 지켜봐주지 못하고 아이의 실수를 부정적으로 탓을 한다면 아이는 자신의 능력을 의심하게 될 것이다. '나는 해봐도 안되는 존재인가. 소용이 없어.'라고 생각하며 부정적인 자아상과 함께 수치심을 가지게 된다.

이에 부모는 자율성을 보장해주는 것이 필요하다. 그러나 주의할 점은 자율성을 부여한다고 해서 무조건 모든 것을 다할 수 있도록 하는 것이 아니다. 아이가 안전하게 탐색할 수 있는 분명한 허용의 울타리를 설정해주어야 한다. 이 울타리의 경우에는 물리적인 공간일 수도 있고 행동적인 제한일 수도 있다. 물리적 공간이라면 불필요하거나 위험한 물건들을 치우고 아이들이 여기저기를 탐색할 수 있는 공간이 제공되어야 하는 것이다. 행동적 제한의 경우는 위험한 행동을 하거나 다른 사람을 다치게 하거나 하는 경우에는 제한을 해야 한다. 명확한 한계는 아이들을 보다 편안하게 해준다. 방임은 아이에게 불안을 야기할 수 있다. 이 시기의 아이는 단순히 떼를 쓰고 고집을 부리거나 엄마를 괴롭히려고 하는 것이 아니라 자신이 할 수 있는 역량을 넓히고 건강한 어른으로 성장하기 위한 발판을 마련하는 중이라는 것을 기억해야 한다.

주도성과 근면성 시기

만 4세–5세는 주도성을 키워야 하는 시기이다. 이 시기의 유아는 행동을 주도하는 데 있어 자율적일 뿐 아니라 책임감을 가진다. 자신이 삶의 주인이 되어 주변을 이끌어가려고 해서 새로운 것에 대해 호기심도 많고 내 것에 대한 애착도 많아진다. 자신의 활동을 계획하고, 목표를 세우고, 이에 도달하려고 노력을 많이 한다. 이러다 보니 자신의 의견을 관철시키기 위해서 떼를 쓰거나 어른들에게 말대꾸를 한다. 이러한 행동들은 아이들에게 문제 행동이 있는 것이 아니라 이 시기의 자연스러운 발달 단계이다.

아이들이 옆에서 빨래를 하겠다고 하고 자신들이 빨래를 개겠다고 하면서 잘 갠 빨래도 흩트려놓는 경우가 많다. 엄마의 입장에서 진지하게 자신이 하고자 하는 것을 할 수 있도록 지켜봐주는 것이 중요하다. 이 시기의 아이에게는 자신이 세운 작은 일들을 중간에 그만두지 않고 스스로 끝까지 성취하도록 하여 성취감을 느끼게 해야 한다. 아이는 작은 성공의 경험을 통해서 삶의 주도성을 가지게 되는 것이다.

하지만 엄마가 아이가 하는 실수나 잘못된 행동을 이해하지 못하고 너무 엄격하게 대하거나 벌을 준다고 하면 아이는 죄의식을 가지게 될 것이다. 이는 주도성이 위축되고 줄어들 뿐만 아니라 수치감이나 회의감으로 건강한 자아를 형성하지 못하게 한다. 이 발달 단계는 유아의 자신감뿐만 아니라 주도성, 나아가서는 리더십의 발달과도 연관이 있는 시기임을 알아야 한다.

만 6-11세는 근면성을 키워주어야 하는 시기이다. 이 시기는 일반적으로 초등학생 시기이며 자아 성장에 있어서 결정적인 단계이다. 초등학교에 입학을 하여 읽기, 쓰기, 셈하기 등과 같은 기초적인 인지 기능의 개발과 또래와의 접촉을 통해 차례 지키기, 도와주기 등과 같은 사회적 기능 등을 발달시킨다. 학교에서 부과되는 여러 과제들을 수행하게 되는데 엄마의 입장에서는 아이가 기대보다 잘하지 못했다고 해서 비난하거나 비판하지 말아야 한다. 아이가 학교에서 학업, 체육, 기타 여러 가지 다양한 과제들을 수행해 내는 것에 대해 긍정적 지지를 해주어야 한다.

"힘든데도 불구하고 참 잘하고 있어."

"다음에는 더 잘할 수 있을 거야."

이러할 경우에는 아이는 성실성과 근면성을 획득할 수 있게 되는 것이다. 반면에 "너는 이것밖에 못하니?"와 같은 부정적인 피드백은 아이 스스로도 성취감을 느끼지 못하고 열등감에 빠지게 되고 패배자적인 사고를 가지게 된다. 이러한 점을 고려할 때 엄마는 아이의 과제 수행을 격려하고, 재능을 발견하여 북돋아주려는 노력을 해야 한다.

아이는 성장하면서 성취해야 할 발달과업을 그 연령에 무조건 다 도달해야 한다는 것은 아니다. 발단 단계에서의 과업을 알고 부정적인 면이 아닌 긍정적인 경험에 초점을 맞추고 노력을 한다면 아이가 심리사회적 위기를 극복하고 건강하고 온전하게 성인으로 성장할 수 있다. 아이들은 다양한 것을 경험하고 실수와 성공을 번갈아가면서 반복할 것이다. 이때 잘못한 것보다는 잘한 점, 잘된 점에 초점을 두고 이야기를 해주는 것이 좋은 것이다. 아이의 발달 단계에 맞는 시기를 잘 생각해서 아이를 키우는 것이 중요하다.

7

부모의 공부가 행복한 아이를 만든다

자연 가운데 아들딸의 행복을 기뻐하는 어머니의 기쁨만큼 거룩하고
사람을 감동시키는 기쁨은 없다.

– 장 파울

행복하게 만드는 육아 공부를 하라

학창시절 야간 자율학습 시간에 공부를 하는 것은 나의 미래를 위해서 하는 것인데도 불구하고 사실 많이 하기 싫었다. '4당 5락' 즉 4시간 자면 합격하고 5시간 자면 떨어진다는 구호를 들으며 늦은 시간까지 학교에서, 독서실에서 공부를 하고 잠깐 집에 들렀다가 새벽에 다시 학교로 갔다. 대학 입시를 위해 우리는 앞만 보고 뛰어야 했다. 내 삶의 변화임에도 불구하고 공부라고 하는 것이 힘들고 괴로웠다.

그런데 부모가 되어서도 육아에 관련된 공부를 다시 시작해야 한다고 하니 참으로 어이가 없을 수 있다. 학창시절에는 바로 나를 위해서라면

이제는 아이를 위해서 공부를 해야 하다니. 기가 찰 노릇인 것이다. 그럼에도 유명한 부모 교육 강좌나 입시 설명회가 열리면 부모들로 인산인해인 것을 목격할 수 있다. 오늘날의 많은 부모들은 바로 자식을 위한다는 미명하에서 아이를 대신해서 공부를 하고 있는 것이다.

육아 공부를 함에 있어서 방향을 잘 설정해야 한다. 첫째는 아이와 나의 관계 향상을 통해 아이의 마음을 읽는 공부이다. 둘째는 경쟁 속에서 아이가 다른 이들보다 더 나은 삶을 살도록 하는 공부이다. 아이의 장래를 위해서 둘 다 필요하다고 할 수 있다. 하지만 내가 생각하기에는 후자 공부는 아이에 대한 기대이고 바람이다. 부모가 원하는 대로 자식이 제대로 되지 않으면 자식을 원망할 수 있다. 육아 공부라는 미명하에 아이가 도달해야 할 목표가 분명한 것이다. 목표치에 도달하지 못하거나 도달하도록 아이를 강요하게 된다. 잘못하면 엄마와 아이 모두가 행복하지 않는 삶을 살게 될 수 있다. 얼마 전에 〈스카이 캐슬〉이라는 드라마가 우리 사회에 많은 경종과 울림을 남겼다. 드라마의 초반 부분에 엄마의 바람대로 서울대 의대를 진학한 남자아이가 있었다. 그 아이는 공부만을 강요했던 엄마에게 복수하기 위해 사라져버린다. 겨우 찾아낸 아들의 "당신들과 살던 그 시간들이 지옥이었다."는 말에 충격 받은 엄마는 자살하고 만다. 대학 진학이라는 결과는 좋았으나 결국 가정의 파탄으로 이어졌다. 행복한 삶이 아닌 것이다.

엄마가 공부를 해야 한다는 것은 아이와 내가 함께 행복할 수 있도록 하는 것이다. 누군가를 통제하기 위해서 공부를 하는 것이 아니다. 내가 부모효율성훈련프로그램 일명 PET 교육을 하다 보면 엄마들이 나에게 불만을 토로해낸다. 처음에는 나-메시지라는 것을 배워 아이에게 사용을 했더니 잘 듣다가 점차 잘 따르지 않는다는 것이다. 그래서 어떤 식으로 사용했는지를 들어보면 엄마의 마음을 진심으로 표현한 것이 아니라 아이에게 무엇인가를 시키기 위해 사용한 것이다. 예를 들면 다음과 같이 사용하는 것이다.

"진영아, 네가 콩나물 2000원어치 사다 주면 엄마는 정말 좋겠다."

아이는 순수한 마음으로 엄마를 기쁘게 해드리려는 마음으로 심부름을 다녀온다. 여기서 중요한 것은 심부름을 위해서만 아니라 일상의 생활에서도 이러한 엄마의 표현이 나타나야 한다. 일반적으로 사람을 믿는다는 것은 말을 믿는 것이 아니라 그 사람의 일상적 행적을 믿는 것이기 때문이다. 심부름이나 부탁을 할 경우에 나-메시지가 증가한다면 아이는 '심부름 시키려는 것이지.'라는 부정적인 생각을 가지게 된다. 즉, 부모가 생각하는 나-메시지와 아이가 생각하는 나-메시지는 전혀 다른 동상이몽이다.

실질적으로 엄마가 올바르게 나-메시지를 공부하면 나의 마음을 표현하고 아이의 마음을 들을 수 있는 기회를 가진다. 엄마가 새로운 방식을 익혔다고 하더라도 자기에게 편리한 대로 변형을 하면 새로운 문제가 발생할 수 있는 것이다. 엄마가 육아 관련 공부를 하는 것도 중요하고 그보다 더 중요한 것은 본질에 맞게 활용 및 적용하는 것이다.

육아 공부는 육아 방식을 알아가는 과정이다

내가 처음 교직에 입문해서 학부모 상담을 했을 때 굉장히 떨리고 신경이 많이 쓰였다. 학부모들은 나보다 나이도, 인생의 경험도 많았고, 게다가 아이를 가진 부모로서 아이에 대해 잘 알고 있었다. 그래서 학부모 상담 주간이 되면 나는 아이들이 했던 포트폴리오를 정리하고 아이들의 성향을 다시 파악하면서 학부모 상담을 준비했다. 특히 새 학기, 학년 초의 학부모 상담인 경우에는 학부모님들의 얼굴을 잘 알지 못하기 때문에 더욱 긴장이 되었다. 초임 시절임에도 불구하고 학부모 상담을 하면서 느낀 것은 많은 학부모님들이 아이를 키우는 것을 너무 힘들어한다는 것이었다. 그 당시에 느껴지는 바는 아이를 키우면서 보람을 느끼기보다 고통의 나날을 보내는 것처럼 보였다. 몇몇 어머니들은 다음과 같은 말을 하였다.

"선생님, 저희 아이 때문에 제가 너무 힘들어요. 통제할 수가 없어요."

"아이가 제멋대로 해요."

"학교에서는 잘하고 있나요?"

상담을 하면서 눈물을 짓는 어머님들도 가끔 계셨다. 초임 시절에는 어머니들의 이야기를 들으면서 공감을 하려고 노력을 많이 했지만, 가슴 한 곳에서 자신의 아이에게 휘둘려 키운다는 것이 이해가 되지 않았다. 부모가 아이를 많이 안다고 해서 반드시 아이를 잘 양육할 수 있다는 것은 아니다. 하지만 아이를 잘 이해한다면 잘 키울 수 있는 충분조건은 갖춘 것이다.

부모가 육아에 대해 공부를 한다는 것은 아이의 인지, 신체, 정서 등을 아는 것뿐만 아니라 자신을 알아가는 과정이다. 부모 또한 부모가 처음이기 때문이다. 우선 부모의 입장에서 가져할 생각은 아이는 나와는 별개의 개체라는 것을 인정하는 것이다. 하지만 우리 부모들은 자식과 자신을 동일시하는 경우가 많다. 자신이 이루지 못한 꿈을 대신 이루도록 하고 싶어 한다. 어려운 일은 부모가 다 해주다 보니 아이들이 독립적으로 스스로 할 수 있도록 하는 기회를 빼앗기고 할 줄 아는 것이 없다. 육아 공부의 출발점은 아이는 독립된 개체라는 것과 곁에서 바라봐주는 것이다.

요즘 유튜브에 포대기(Podaegi)라고 검색을 해보라. 얼마나 많은 외국인이 한국의 포대기를 매는 방법에 대해 공부를 하고 육아에 있어서 포대기의 중요성을 강조하고 있는지를 알게 될 것이다. 반면에 현재 우리 주변을 살펴보면 포대기를 매고 아이를 업고 다니는 모습을 거의 볼 수가 없다. 촌스러워서, 우리 것이라서 등 다양한 이유로 우리 주변에서 자연스럽게 사라지고 그 자리를 유모차가 차지하고 있다. 서양의 것이라, 편리해서 등의 이유로 우리의 유아용품으로 절대적으로 차지하고 있다.

우리는 매지 않는 포대기를 왜 외국인들은 관심을 가지고 매기 시작하는 것일까? 우리가 모르고 있는 것은 무엇인가? 우리가 잊고 있는 것은 무엇인가? 이러한 의문이 들 것이다. 앞에서 잠시 언급을 했던 애착과 관련이 있다. 엄마와의 애착은 업혀 있으면서 엄마의 호흡, 체온, 체취 등을 아이가 느끼면서 안정감을 가지게 된다. 따로 안아주지 않더라도 업혀 있는 것이 바로 안는 그 자체인 것이다. 또한 엄마의 시선과 아이의 시선이 거의 일치할 수 있다. 이를 통해 엄마와의 동질성도 무의식적으로 증가된다.

요즘 엄마들이 아이와의 애착을 위해 여기저기서 많이 공부를 한다. 조금 방향을 돌려 우리 전통 육아법에 관심을 가지면 좋을 것 같다. 내가 어렸을 때 많은 부모님이 많이 해주었던 것 중 하나가 '도리도리', '잼잼' 등이었다. 이것이 무엇인지도 모르고 부모님이 하니 나도 가끔씩 우리 아이들에게 하였다. 육아에 대한 공부를 하다 보니 이 모든 것이 우리 전통 육아 방법인 단동십훈의 일부분이었다. 하나의 이치에 맞게 아이를 잘 키우도록 비는 하나의 기원과 같은 육아 방식이다. 다양한 고민을 하는 현재의 부모들이 우리 전통 육아법을 알고 적용을 한다면 고민의 양을 많이 줄일 수 있다.

육아는 부모가 되면 모두가 처음 한다. 그러니 당연히 실수도 많고 어려움도 겪는다. 현명한 부모는 올바른 육아 공부를 통해 나를 알고 아이를 안다. 아이와 내가 하나의 동질체가 아닌 독립된 객체임을 인식하고 함께 행복해질 방법을 찾는다. 엄마가 육아 공부를 많이 한다고 해서 반드시 아이를 잘 키우는 것은 아니지만 실수를 줄이고 서로를 이해하고 사랑을 증진시킬 확률은 높일 수 있다.

초보 엄마 아빠를 위한 ...

3 장

아이를 바르게 성장시키는 대화 기술

1

아이의 눈높이에서 공감하라

사랑스런 눈을 갖고 싶으면 사람들에게서 좋은 점을 보아라.

– 오드리 햅번

아이의 눈높이로 맞추어라

예전에 근무하던 Y대학교 부설어린이집과 유치원에서는 매년 연말이 되면 학예회를 개최한다. 아이들은 이 순간을 위해 정말로 오랜 시간을 기다리고 연습을 한다. 학예회 전 아이들의 표정을 보면 전투에 나가는 군인들처럼 비장하다. 그 모습이 귀엽기도 하면서 사뭇 진지하게 보인다.

학예회를 준비하고 진행하는 동안 선생님들은 긴장을 많이 한다. 선생님들은 식순에 맞게 진행을 하기 위해 정말로 분주하게 움직인다. 학예회에서 가장 먼저 하는 것이 공연을 하기 위해 입장을 하는 것이다. 이 순간에 아이들을 격려하는 우리 선생님들만의 노하우가 있다. 공연은 대학 대강당에서 이루어진다. 대강당 입구에는 아이들이 1년 동안 한 학습 결과물과 알록달록한 풍선으로 꾸며진 길과 문이 있다. 아이들이 이 길을 통해 입장을 할 때 학생 보조 선생님들이 입장을 도와주고 담임과 부담임 선생님들은 아이들이 입장하는 길목에서 자세를 낮추고 앉는다. 선생님들은 아이들 하나하나 눈빛을 맞추면서 격려를 해준다.

"지호야, 너는 잘 할 수 있어."
"오늘은 너희들의 날이야."

이때 중요한 것은 아이들의 눈높이에 맞게 선생님들이 자세를 낮추는 것이다. 선생님과의 눈높이에 맞는 지지를 받은 아이들은 보다 더 의기양양하게 개선문을 지나는 군인들처럼 사기가 오른다. 만약 선생님들이 앉아 있지 않고 서서 아이들을 맞이하였다면 지금과 같은 분위기가 연출되지 않았을 것이다. 아이들에게 선생님이 하나의 거대한 벽처럼 느껴질 수도 있다.

아이들을 대하는 것은 먼저 아이들과 눈높이를 맞추는 것이다. 아이들의 시선에서 아이들을 바라보아야 아이를 이해할 수 있다. 선생님이 서서 아이를 바라보면 선생님 입장에서는 아이를 내려다보는 것이 되고 아이의 입장에서는 우러러 보는 입장이 된다. 서로를 이해하기에는 바라보는 각도가 너무 큰 차이가 나는 것이다. 아이의 마음을 공감하려고 하면 아이의 눈높이로 세상을 바라보는 것이 무엇보다 중요한 것이다.

엄마가 아이의 마음을 공감한다는 것은 그냥 단순하게 이루어지는 것이 아니다. 선생님들이 아이들을 위해 몸을 낮추는 것처럼 엄마도 아이를 위해 기꺼이 자세를 낮추고 아이의 시각 높이로 보아야 한다. 자세를 낮출 마음이 생기면 아이를 이해하려는 준비 단계에 입성했다고 할 수 있다. 대문호인 레오 톨스토이는 "누구나 세상을 변화시키려하지만 자신의 변화에 대해 생각하는 사람은 아무도 없다."라고 하였다. 이 말을 부모의 관점으로 바꾸면 부모는 아이를 바꾸는 것보다 자신을 바꾸도록 생각해야 한다는 것이다. 귀한 나의 아이를 나의 마음에 맞게 변화시키는데 정당화를 얻고 싶지만 부모인 나의 노력이 선행되지 않는다면 불가능하다. 내가 먼저 아이를 이해하려고 하는 노력을 보여야 하는 것이다.

부모들은 아이들과 놀아주어야 할 때가 있다. 하지만 어떻게 놀아야 하는지 아이들의 눈높이를 제대로 알지 못하고 아이들의 마음을 이해하지 못해서 잠시 놀다가 TV를 틀어주거나 스마트폰을 주어 부모 스스로를 해방시킨다. 아이의 눈높이를 제대로 파악하지 못하고 욕구도 알지 못하기 때문이다.

『서준호 선생님의 교실놀이백과』라는 책이 있다. 초등학교 교사인 서준호 선생님은 학생들이 교실에서 할 수 있는 1,000여 가지의 놀이를 난이도, 연령, 장소 등으로 구분하여 쓴 책이다. 이 책은 초등학교 교사들이 학급에서 자신의 아이들을 대상으로 놀이를 함께 할 수 있도록 자세히 설명을 해두었다. 책의 내용을 살펴보다 보면 우리가 어릴 적에 한 놀이들도 있고 그것을 변형시킨 놀이, 알지 못하는 새로운 놀이 등도 있다. 서준호 선생님은 우리가 일상적으로 단편적으로 하던 놀이를 체계화시켜 아이들의 눈높이에 맞추어서 놀이를 진행하는 것이다. 이 책의 놀이 방식을 변형하면 부모가 아이들과의 놀이를 다양한 방식으로 할 수 있을 것이다.

요즘의 엄마들은 너무나 많은 육아에 대한 독서, 강의 청취 등을 통해 스스로 아는 것이 많다고 생각을 한다. 그러나 지식이 내면화되어 있기보다는 피상적인 지식으로 구성이 되다 보니 현실적으로 우리아이에게 적용하는 데는 많은 한계를 가지게 된다. 아이를 키우는 대부분의 엄마들은 아이의 눈높이, 공감이라는 말을 수도 없이 들어보았을 것이다. 심지어 주변의 학습지의 이름을 보라. 눈높이 수학, 눈높이 영어 등이 있지 않는가?

아이의 눈으로 세상을 보라

나의 두 딸 예지와 가윤이에게는 특별한 보물상자가 있다. 보물상자에는 자신들이 그 동안 모아 두었던 많은 액세서리, 모형물 등이 있다. 아기자기하지만 성인인 나에게는 크게 효용이 없는 물건들이다. 그러나 딸들에게 보물상자에 들어 있는 그들만의 보물은 세상의 어느 것과도 바꿀 수 없는 매우 소중한 것이다. 어느 날 둘째딸 가윤이가 대단한 결심을 한 것처럼 왔다.

"아빠, 자 선물."
"응? 무슨 선물이야?"
"내가 아끼고 아끼는 것인데 오늘 아빠가 잘해서 주는 거야."

나에게 건네는 것은 빨간색의 장난감 반지인 것이다. 실제로 나에게 크게 필요는 없지만 감사함과 감탄의 표정을 지으며 말했다.

"고마워. 우리 딸."

일상에서 일어난 일이지만 아이의 눈높이에 맞게 행동을 해주면 된다. 그리고 하나의 팁이 더 있다면 아이들은 조금 시간이 지나면 주었던 선물을 다시 돌려달라고 한다. 이때는 너무 아쉬워하는 것처럼 행동하면서 마지못해 돌려주는 것처럼 하면 아이는 더욱더 좋아할 것이다.

아이를 이해할 때 많은 것을 고려해야 한다. 우리는 눈을 보호하기 위해서 선글라스를 착용한다. 선글라스는 눈을 보호하는 용도로 사용하기도 하고 멋을 내는 데 사용하기도 한다. 강렬한 햇빛을 방지하기 위해 쓰는 선글라스는 선글라스 렌즈의 색깔에 따라 원래 내가 안경을 벗고 바라보는 세상과는 다른 색깔로 세상이 보이는 것이다. 붉은 색상의 선글라스를 착용하면 세상이 붉은색으로 보이고 푸른 색상의 선글라스를 끼면 푸른색으로 보이는 것이다. 내가 무슨 색깔의 선글라스를 착용하고 있는가에 따라 세상이 다르게 보이는 것이다. 아이가 나와 비슷한 선글라스를 끼고 있다고 하더라도 아이와 내가 같은 선글라스를 끼고 있는 것이 아니다. 약간의 색상 차이는 많은 차이를 나타낸다.

엄마와 아이는 인지적, 정서적, 신체적 발달에 있어서 많은 차이가 있기 때문에 아이 입장에서 엄마를 이해하는 것은 불가능하다는 것이다. 인지심리학자 피아제의 도식이라는 용어를 빌려서 말하자면 아이는 세상을 이해할 수 있는 틀이 너무나 한정적인 것이다. 예를 들어 아이가 '개'라는 세상을 바라보는 도식만 가지고 있으면 네발 달린 동물은 모두 '개'인 것이다. 고양이, 말, 양 등도 다 '개'인 것이다. 그러니 도식의 확충 없이는 아이에게 아무리 다른 동물에 관해서 설명을 한다고 해도 아이는 이해할 수 없다.

그렇다면 방법은 무엇이 있을까? 아이의 눈높이에 맞게 아이가 이야기하는 것을 엄마의 입장에서 재해석 및 재구성을 해야 하는 것이다. '개'라고 아이가 명명을 하였지만 아이는 하얀색, 털이 많고 꼬불꼬불, 음매라고 운다고 한다. 여러분들도 추측이 가능하겠지만 개는 아니다. 바로 양인 것이다.

서양에서 18세기까지 아이를 어른의 축소판이라고 생각을 하고 육체적 크기만 빼고 모든 것은 같다고 생각한 적이 있다. 하지만 더 이상 이러한 주장에 어느 누구도 동의를 하지 않는다. 아이는 아이만의 세상을 바라보는 틀이 있고 능력이 있는 것이다. 키가 작은 아이를 어른이 서서 바라본다면 우리는 절대로 같은 높이에서 아이의 눈을 바라볼 수 없다. 자연스럽게 아이를 똑바로 바라보려면 아이를 어른의 눈높이까지 올려주든지 아이를 위해 성인이 몸을 낮추든지 해야 한다. 어느 것이 더 쉬운가? 아이가 어른의 눈높이를 맞추는 것은 거의 불가능하다고 할 수 있다. 그러니 어른인 엄마가 아이의 눈높이에 맞추어주면 자연스럽게 아이의 마음을 이해하고 공감할 수 있게 된다. 매번 눈높이를 맞추는 것이 쉽지는 않고 번거로울 때도 있다. 하지만 이러한 노력은 아이의 마음을 공감하는 데 있어서 매우 중요한 것임을 잊지 말아야 할 것이다.

아이를 이해하는 눈높이 공감 방법

1. 아이가 좋아하는 이야기를 찾아보기

부모가 아이와 대화를 하고 싶다고 하면서 부모 자신이 알고 싶거나 하고 싶은 말만 한다. 아이와 대화를 편하게 이어가고 싶다면 아이의 친구와 대화를 하듯이 아이의 눈높이에 맞는 사소하고 가벼운 주제로 대화를 해야 한다.

"엄마는 〈레이디버그〉 만화가 재미가 있던데 너는 어떠니?"
"〈겨울왕국〉 2편이 나온다고 하는데 너도 보고 싶니?"

아이가 하고 싶은 이야기를 편하게 하게 하라.

2. 아이의 말을 끝까지 들어주기

일방적인 의사 전달이나 훈육보다는 아이가 편하게 이야기할 수 있을 때까지 기다려주어야 한다. 중간에 말을 하고 싶더라도 끊지 말고 기다려주어야 한다. 소통이 된다고 생각하면 아이도 부모와 대화의 눈높이를 맞추고자 노력한다.

3. 아이의 고민을 함께 해주기

부모의 입장에서는 고민거리가 되지 않을 수 있으나 아이의 입장에서는 큰 고민일 수 있다. 아이의 입장에서 하찮아 보이는 고민이라도 함께 고민을 해주어야 한다.

"그런 걱정은 하지 마. 어른이 되면 다 해결이 될 것이니."

이렇게 말하면 아이들에게는 도움이 되지 않고 실망과 좌절만 주게 된다.

"그랬니? 너의 입장에서는 많이 힘들었겠다. 그래서 어떻게 했니?"

자녀와의 대화에서 중요한 것은 아이 입장에서 이야기를 진지하게 들어주고 수용해주는 것이다.

2 부모의 감정을 솔직하게 표현하라

인생 최고의 행복은 사랑받고 있다는 확신이다.

– 빅토르 위고

부모도 자신을 표현하라

사람들은 하나둘씩 자신만의 아픔을 품고 살아간다. 2018년 통계청 자료에 따르면 2017년 25만 7,600쌍이 혼인하고, 10만 8,700쌍이 이혼을 하였다. 이 통계 수치는 우리에게 많은 것을 시사한다. 이혼을 금기시하던 사회적 풍토가 많이 옅어지고 있음을 반영한다. 이에 가족의 형태도 한부모 가정, 조손가정, 소년소녀가정 등 다양하게 변화되고 있다. 이러한 과정 속에서 아이들은 부모와 대화하는 방법을 잃어버리는 경우가 많다. 어떻게 대화를 해야 하는지 모르거나 아니면 어린 나이에 너무 조숙해져서 대화의 질이 다른 것이다.

나는 지도 학생들을 한 학기에 몇 번씩 상담을 한다. 상담을 하는 동안 느끼는 것은 온전한 가정에서 성장한 것이 참으로 아이들에게 축복일 수 있겠구나 하는 것이다. 아빠와 대화를 하지 않는 학생, 부모가 이혼을 하고 혼자서 사는 학생, 부모님들이 계시지만 두 분 다 편찮으신 학생 등, 가족의 형태만큼이나 이들의 이야기도 다양하다. 그러다 보니 학생들을 도와주어야 하는 점도 상당히 다를 수 있다. 그 중에도 가끔씩은 부모님들과 관계가 너무 나빠 대화를 하지 않는 경우가 있다. 스스로 학비를 벌어서 학교를 다니므로 대견하기도 하지만 가족으로서의 끈끈한 정을 살펴볼 수 없는 것이다.

한 학생의 경우에는 부모님이 이혼을 하고 엄마와 같이 살고 있었다. 초등학교 때 이혼을 했기 때문에 이러한 상황이 너무나 싫었고 아빠도 엄마도 다 미웠다고 했다. 게다가 엄마는 늦은 시간까지 술을 마시고 어린 자신에게 한탄하는 이야기를 했다고 했다. 그런 엄마가 더 미워지고 이야기가 듣기 싫었다고 했다. 대화가 아닌 일방적인 의사전달과 하소연, 원망 등을 한 것이다.

엄마나 부모도 아이에게 자신의 이야기를 분명히 할 수 있다. 하지만 타이밍과 방법적인 부분은 굉장히 중요하다. 아무리 엄마가 진심을 담긴 이야기를 자식에게 하더라도 술을 마시거나 한탄하는 이야기로 대화를 한다면 아이는 들을 생각조차 없는 것이다. 물론 상황적으로 어려움이 많겠지만 아이는 엄마의 대화를 받아들일 준비가 되어 있지 않은 것이다. 그러므로 엄마가 대화를 하고자 한다면 언제나 정중하게 아이를 존중하는 마음으로 자신이 하고 싶은 이야기를 해야 하는 것이다. 상담한 학생은 이렇게 말했다.

"그 당시 엄마의 이야기를 들으면서 엄마가 힘든 것은 알고 있었어요. 하지만 그런 방식으로 이야기를 하는 것 자체가 너무 싫었어요."

눈물을 글썽이며 말을 더 붙였다.

"만약에 엄마가 맨정신으로 이야기를 했다면 좀 더 진지하게 들었을 거예요. 그랬으면 지금 엄마와의 관계도 좋았을 텐데."

부모와 자녀가 이야기함에 있어서도 하나의 방법이 필요한 것이다. 부모가 무턱대고 자신의 바람을 이야기한다고 해서 자녀가 알아듣는 것이 아니다. 초등학교 1학년 다현이 엄마와 상담을 하였다. 다현이 엄마는 딸아이가 자신의 이야기를 전혀 듣지 않고 자기 마음대로 하고 약속을 잘 지키지 않는다는 것이었다. 그러면서 자신은 직장맘으로서 아이를 위해 열심히 노력을 하고 키우려고 하는데 아이가 생각만큼 잘 따라오지 않아 너무나 속상하다고 하였다. 1회기 상담에서 다현이 엄마의 이야기를 들은 후 하나의 제안을 하였다.

"혹시 어머니 다음 상담에 오실 때 다현이와 함께 와줄 수 있나요?"
"예, 교수님, 그렇게 하겠습니다."

일주일이 지나고 양쪽머리를 삐삐머리처럼 한 다현이가 엄마와 함께 내 연구실로 왔다. 나는 지난 한 주 동안 어떻게 지냈는지 엄마와 이야기를 나누고 있는데 이야기를 듣고 있던 다현이의 표정이 심상치 않게 변했다. 그래서 이야기를 하다가 엄마에게 양해를 구하고 다현이와 이야기를 했다.

"엄마와 선생님이 이야기를 하는데 맞지 않는 말이 있니?"
"예, 엄마는 아무것도 몰라요."

나는 다현이 엄마에게 물었다.

"하루에 평균적으로 다현이와 대화를 어느 정도 하나요?"
"30분 정도 합니다."

나는 다현이에게 똑같은 질문을 하였다.
"눈곱만큼도, 전혀 대화를 하지 않는데요."
엄마는 30분 이상은 한다고 하고 아이는 전혀 하지 않는다고 하는 것이다. 참으로 재미있는 상황인 것이다. 이때 살펴보아야 할 것이 대화의 방식이고 내용인 것이다. 엄마의 대화 내용은 이랬다.

"너 학원 다녀왔니?"
"밥은 먹었고?"
"학교에서 잘 지냈어?"

아이가 어떻게 지냈는지에 대한 질문을 주로 하였고 이것을 대화했다고 생각한 것이다. 반면에 다현이의 생각은 달랐다.

"대화는 내가 이야기를 하고 엄마의 이야기를 듣는 것인데, 질문에 답하고 나면 더 이상 특별한 것이 없는데요."

이것은 대화가 아니라고 생각하는 것이다.

나-전달법을 활용한 의사소통

나는 학생들에게 대화 방법을 가르치면서 강조하는 것이 있다. 사람은 근본적으로 자신의 이야기를 많이 하고 싶은 욕구를 가지고 있다. 그런데 인간 얼굴의 생김새를 살펴보면 입은 하나, 귀는 두 개지 않는가? 이러면 말을 많이 하라는 것일까? 아니면 잘 들어 주라고 하는 것인가? 즉,

잘 들어주는 경청이 필요하다. 이와 함께 말을 할 때에는 나-전달법도 필요하다.

나-전달법은 받아들일 수 있는 행동과 그 행동에 대한 감정을 이야기함으로써 문제에 대해 아이의 자발적인 협조를 구하는 것이다. 나-전달법에는 기본적인 방법이 있다. 이 내용은 기억해두면 좋다. 첫째, 받아들일 수 없는 행동을 간단히 서술한다(행동 서술). 둘째, 받아들일 수 없는 행동에 대해 나의 감정을 이야기한다(느낌 서술). 셋째, 그러한 감정을 갖게 된 이유를 설명한다(결과 서술). 이 세 가지를 말하고 난 뒤 아이의 이야기를 듣기 위해 말을 멈추는 것이 중요하다.

예를 들면 이렇다.

① 네가 장난감을 마구 던져서

② 엄마는 놀라고 화가 나,

③ 왜냐하면, 네가 장난감을 던지면 동생이나 엄마가 다칠 수 있고, 장난감도 망가질까 염려가 되기 때문이야.

이렇게 나-전달법을 사용하면 아이가 일반적인 지시로 듣지 않기 때문에 효과가 있을 수 있는 것이다.

"너 참 잘했다."

엄마가 물을 쏟은 진영이에게 화난 투로 말을 하였다. 이러한 상황을 우리는 자주 접하게 된다. 의사소통의 전달에 있어서 우리는 언어적인 내용과 비언어적인 내용을 구분해서 받아들여야 한다. "너 참 잘했다."라는 말은 상황적인 측면에서 잘했다기보다는 그 행동에 대해 비난의 성격을 지니고 있음을 알 수 있다. 하지만 어린아이들일수록 이러한 대화를 이해하는 데 어려움을 겪게 된다.

이러한 한 문장이나 단어의 맥락에 따라 다른 의미를 지니는 것을 이중 메시지 언어라고 한다. 이중 메시지는 아이가 그 말뜻을 그대로 받아들이지 못하고 다른 의미로 해석해야 하므로 한 단계 높은 고차원적인 사고가 필요한 것이다. 어린 유아, 아동들은 충분한 언어적 · 지적 능력을 함양하지 못하였기 때문에 단어에 대해 헷갈리게 되는 것이다. 그러니 엄마의 입장에서 불만이 있고 바라는 행동이 있으면 나-전달법을 활용하고 이중 메시지를 사용하지 않는 것이 좋다. 이러한 노력을 해야 아이가 제대로 이해하고 올바른 반응을 할 수 있기 때문이다.

엄마도 한 명의 사람이기 때문에 하고 싶은 이야기가 많다. 특히 아이에게는 자식이기 때문에 남에게 바라지 않는 욕구가 더 많다. 아이는 엄마가 말을 한다고 해서 다 받아들이지 못한다. 그러므로 아이의 수준에 맞게 정확하게 엄마도 자신의 감정과 바람을 솔직하게 이야기를 해야 한다. 엄마가 고등어의 머리만 먹고 아이에게는 고등어 몸통을 주니 아이는 엄마가 고등어 몸통은 싫어하고 머리만 좋아한다고 생각한다. 물론 일부의 엄마들은 머리가 좋을 수 있으나 대부분은 몸통을 좋아하지 않는가? 자식일지라도 자신의 마음을 허심탄회하게 이야기하는 것이 매우 중요하다.

부모의 감정 표현하기

1. '이제부터 표현해야지' 마음먹기

어린아이에게 감정을 표현하는 것이 싶지 않다. 하지만 절대 참는 것이 능사가 아니다. 감정이 끝까지 차면 통제가 힘들어진다. 아이들도 엄마의 감정을 알아야 한다. 아이들에게 "엄마도 힘들어."라고 말하고 구체적인 도움을 요청하라.

2. 심호흡을 하며 한 템포 늦추어 말하기

욱하는 마음으로 아이에게 감정을 표현하면 하지 않은 것보다 못하다. 목소리를 키우거나 흥분하여 말하지 마라. 최대한 차분하게 말에 힘을 실어서 말을 해야 한다.

3

아이의 상상에 날개를 달아주는 질문을 하라

책임감은 아이들에게 영향을 주는 문제에서 그들에게 발언권을 허용함으로써, 그리고 선택권이 있다고 말해주는 곳이면 어디서나 키워진다.

– 하임 기너트

아이가 궁금해할 것을 질문하라

우리 사회는 아이를 교육하는 데 엄청난 에너지를 쏟고 있다. 부모들은 아이들이 잘되게 하기 위해서 정말 노력을 많이 한다. 이러한 방법 중에 요즘 유대인 교육법 혹은 대화법인 하브루타가 유행하고 있다. 하브루타의 중요 핵심은 서로에게 질문과 답변을 통해 모르는 것을 서로 알게 해준다는 것이다. 문답을 통해 지식이 자연스럽게 증가하고 다른 사람에게 자신이 알고 있는 것을 설명할 수 있는 능력이 발전되는 것이다. 하브루타가 좋다고 해서 부모가 다 이 방법을 배워서 적용을 하는 것은 쉽지 않다. 그냥 유대인들의 질문 방식을 좀 빌려서 적용해볼 수 있다.

한국인과 유대인 학부모가 학교에 다녀온 자녀에게 질문하는 내용으로 아이의 사고를 확장시키는 데 차이가 있음을 알게 하는 생활 속 질문이 있다. 한국 부모의 경우에는 "학교에서 선생님 말씀 잘 들었니?" 혹은 "오늘 학교에서 공부 잘했니?"라고 대부분 질문을 한다. 유대인 부모의 경우에는 "학교에서 선생님께 어떤 질문을 하였니?"라고 묻는다. 별 차이가 없어 보일 수 있으나 전자의 경우는 학생들이 수동적인 학교생활을 하는 것임에 반해 후자는 능동적으로 학교생활을 하는 것이다. 주체의 여부가 다른 것이다.

나는 딸 예지와 함께 지구본을 자주 본다. 축구공만 한 지구본을 통해서 나는 예지와 함께 지리, 역사, 여행 이야기를 나눈다. 어느 날 예지가 여러 나라 화장실에 대한 책을 읽으면서 인도, 캐나다, 미국, 몽골 등의 화장실 형태를 알게 되었다. 그 중에서도 인도에서 손을 사용하는 것과 몽골의 야외에서 변을 보는 것에 관심을 가졌다.

"예지야, 몽골이라는 나라에 대해 아니?"
"아니. 잘 몰라요."
"지구본을 보면서 한번 살펴볼까?"

예지와 함께 몽골이 어디에 있는지? 어떻게 생겼는지? 등을 살펴보면서 자연스럽게 이야기를 했다. 그러면서 우리나라보다 위에 위치하기 때문에 더 춥다는 것도 자연스럽게 이야기를 하였다. 아이 자신이 가지고 있는 지식을 지구본을 통해 나에게 설명을 하는 것이다.

"아빠, 몽골이라는 나라는 무엇이 유명한 데에요?"

나에게 이 질문을 하기에 우리의 역사와 함께 간략하게 몽골에 대해 설명을 하였다.

"몽골은 우리 역사와 비교하면 고려시대와 비슷한 시기에 있던 나라인데 고려가 몽골에게 전쟁에서 졌어. 그리고 그 시기 몽고에는 칭기즈 칸이라는 위대한 왕이 있어서 우리나라에서부터 서유럽까지 막강한 영토에 영향을 미쳤던 역사상 가장 큰 땅을 가졌던 나라야."

이때 더 많은 것을 아이에게 설명을 해주고 싶었으나 아이가 질문한 것까지만 하는 것이 좋다. 엄마나 아빠가 아이가 알아야 한다고 생각해서 주변의 것을 자세하게 가르쳐줄 수 있다. 아이의 입장에서는 엄마, 아빠가 너무나 많은 것을 알고 있다고 생각할 것이다. 하지만 한 번의 질문에 너무나 많은 시간을 허비하기 때문에 다음에는 질문을 하지 않게 된다. 그러니 아이가 호기심이 있어서 질문을 하면 질문의 내용만큼만 답을 해주고 내용의 여운을 남겨두는 것이 중요하다. 아이가 동학운동이 발생한 년도를 질문했다면 1894년이라고만 답변해야 한다. 동학운동의 의의와 발생 상황 등을 설명하는 것은 아이의 질문을 막게 되는 것이 된다.

질문에도 요령이 있다

질문을 하려면 알아야 한다. 아는 지식이 있어야만 무엇을 모르는지를 알고 궁금한 것을 질문해볼 수 있다. 엄마의 입장에서는 다 가르쳐주고 싶을 것이다. 그러나 궁금하지 않으면 알고 싶지도 않다. 아이에게 호기심이 생기고 보다 사고의 확장을 가져오는 질문을 해보는 것이 중요하다.

독서 및 다양한 경험을 하게 되면 아이의 상식이나 지식이 늘어나게 된다. 그러면 어떻게 그렇게 되는지에 대한 궁금증이 증가하게 된다. 아이가 아는 지식을 작은 원이라고 가정해보자. 처음 원은 반지름이 1cm이다. 원의 안쪽이 아는 지식이라면 원의 둘레는 그 다음에 알 수 있는, 아직은 모르는 지식으로 설정할 수 있다. 원둘레 공식이 '반지름×2×3.14'이므로 처음 원의 둘레는 1×2×3.14=6.28이 된다. 모르는 영역이 6.28인 것이다. 독서나 다른 경험 등을 통해 반지름의 길이가 2cm로 증가하였다면 변경된 원둘레는 2×2×3.14=12.56이 된다. 모르는 부분이 급속하게 증가하는 것이다.

우리는 아는 지식의 양에 비례하여 모르는 양도 증가함을 알게 된다. 질문이 많이 없는 이유가 성격상의 특성도 있을 수 있으나 아이의 지식이 적어서 일수도 있다. 같은 책을 읽더라도 다양한 방향과 방식으로 아이를 사고하게 한다면 아이의 생각의 폭이 상당히 넓어지게 된다.

아이에게 책을 읽어주면서 1, 2개 정도의 질문을 하라. 부모의 욕심으로 너무 많은 질문을 하게 되면 질문의 귀찮음이나 두려움 때문에 독서의 즐거움이 사라지기 때문이다.

나는 아이에게 전래동화를 읽어줄 때가 있다. 전래동화 중 누구나 잘 아는 '콩쥐 팥쥐' 내용에 대해서도 질문이 가능하겠지만 다른 이야기와도 연결을 시켜볼 수 있다.

"예지야, 읽어본 동화책 중에서 콩쥐 팥쥐와 비슷한 내용이 있는 책은 무엇이니?"

"신데렐라요."

"그렇게 생각하는 이유는 무엇이니?"

"왜냐하면 누군가가 도와주고, 신발을 잃어버리고…."

자신의 생각을 말하게 되는 것이다. 여기에는 맞고 틀리고가 없기에 아이에게 부정적인 피드백만 주지 않으면 자신의 생각을 자연스럽게 말할 수 있다.

요즘은 부모들이 질문의 방식에 대해서 많이들 생각을 하며 또한 중요하다고 말한다. 나의 경험을 돌이켜보더라도 질문이 중요하다는 것을 알고 있다. 그럼에도 불구하고 우리 사회는 질문하는 것에 대해 상당한 부담감을 가지고 있다.

몇 해 전 미국의 오바마 대통령이 방한을 하여 우리 기자들에게 질문의 기회를 주었다. 오바마 대통령은 한국에서 하는 기자회견이기에 한국 기자들을 배려해준 것이다. 뜻밖에도 독점할 기회가 주어졌음에도 불구하고 한국의 어느 기자도 손을 들지 않았다. 우리는 잘 알다시피 기자라고 하면 상당한 지식과 언변이 뛰어난 것을 알고 있다. 그러나 한국 기자들은 꿀먹은 벙어리처럼 조용했다. 당황한 오바마 대통령은 계속해서 한국 기자들에게 질문을 하라고 말을 하였다. 이때 중국의 기자가 중간에 끼어들어 질문을 하고자 했다. 이에 오바마 대통령은 중국 기자를 제지하면서 한국 기자에게 질문을 하도록 하였다. 어느 기자도 질문을 하지 않아 다른 나라의 기자가 질문을 하고 기자회견을 마쳤다.

어떻게 이러한 일이 있을 수 있을까? 질문하고 이야기하는 것을 직업으로 삼고 있는 사람들이 질문을 하지 못한 것이다. 가장 큰 이유는 아마도 질문에 대한 다른 사람들의 평가를 두려워했기 때문일 것이다. '내가 이 질문을 하면 이상하지 않을까?', '이 질문이 수준에 맞는가?' 등 본인이 하고 싶은 질문이 있더라도 다른 사람을 신경 쓰는 것이다.

어린 시절부터 우리는 질문에 대한 평을 너무 가혹하게 하지 않는 것이 좋다. 만약에 에디슨 같은 발명가가 이런저런 질문을 하고 그것에 대해 자신만의 답을 내놓지 않았다면 우리는 전구, 냉장고, 세탁기 등을 현재 사용할 수 있을까? 라이트 형제가 조종 가능한 비행을 꿈꾸고 비행하지 않았더라면 현재의 비행기가 있을까?

우리의 아이들은 다양한 가능성을 품고 있다. 엄마의 입장에서 아이가 엉뚱한 생각을 한다고 치부하지 말고 아이의 상상에 날개를 달아줄 수 있는 질문을 하는 것이 중요하다. 핵심적이고 사고를 요하는 질문 하나가 아이의 삶을 변화시키고 나아가서는 세상을 변화시킬 수 있기 때문이다. 그러니 적절한 질문을 할 수 있도록 엄마는 아이와 같이 상상의 질문을 하도록 해보자.

창의력과 상상력을 키워주는 질문

1. 너는 어떻게 생각해?

이 물음은 아이 스스로 생각하게 만드는 힘이 있다.

2. 왜 그랬을까?

아이의 입장에서는 세상의 모든 것이 궁금하다.

이 질문을 통해 아이가 원인과 결과를 알게 하고 사고력을 키우게 된다.

3. 그걸 어떻게 알 수 있지?

분석적인 질문은 여러 가지 의견과 해석이 유도될 수 있다.

4. 이런 방법은 어떨까?

아이가 도움을 청했을 때 정답을 제시해주기보다 무엇을 하는 게 좋겠느냐고 묻는 것이 효과적이다.

5. 만약 OO했다면 어떻게 되었을까?

아이의 상상력을 자극하기 위한 질문이다.

흥부와 놀부의 이야기에서 "흥부가 부자이고 놀부가 가난했다면 어떻게 되었을까?"

4

아이의 속마음, 겉마음을 읽으며 말하라

우리는 단호하게 '사랑이 가득한 판단이 곧 현명한 판단'이라고 말할 수 있다.

– 마리아 몬테소리

아이도 자신만의 생각이 있다

아이들은 자신의 마음을 표현할 수 있을까? 우리는 가끔씩 아이들이 자라나는 것을 보고 인간이 되어간다고 말을 한다. 자신의 몸도 제대로 가누지 못하던 존재가 점차 성장함에 따라 자신의 의사를 표현하고 인지, 정서, 행동의 발달이 확연히 나타나는 것을 보면서 부모들은 감탄을 금하지 못한다. 나 역시 발달에 대한 연구를 많이 하면서 느끼는 것보다 집에 아이 둘을 키우면서 느끼고 깨달은 바가 매우 크다.

다른 사람들보다 아이들의 마음을 잘 이해한다고 생각하면서도 가슴으로 보듬어주지 못하는 경우가 있다. 아이가 왜 이런 행동을 하는지에 대한 원인도 알고 이를 해결해야 하는 방식도 어느 정도 알고 있지만 현실적으로 극복하기가 쉽지 않다.

주변에 보면 어린이집이나 유치원에 아이들을 등원시킬 때면 부모와 떨어지지 않으려고 울부짖거나 서럽게 우는 아이들을 볼 수 있다. 회사에 가야 하는 엄마의 심정을 헤아리지 못하고 아이가 울면 떨어뜨려놓고 가는 엄마의 마음은 찢어지는 것처럼 아픈 것이다. 집에 있는 둘째 가윤이도 유치원에 가기 싫어서 아침마다 심하게 운다. 그래서 가윤이를 유치원에 보내는 아내는 많이 힘들어한다.

우리 집 아이들은 다른 집 아이들과 달리 약간 특이한 케이스다. 첫째 아이는 한국 나이로 4세까지, 둘째는 3세까지 외할머니가 집에서 봐주셨다. 남들이 가는 어린이집을 가지 않고 바로 유치원에 간 케이스다. 유치원에 처음 갔을 때 다른 아이들과 어떻게 지내야 하는지에 대한 어려움을 많이 겪었다. 시간이 해결을 해주어 첫째 아이는 지금 초등학교 2학년이다. 둘째 가윤이는 첫째보다 더 일찍 유치원에 갔다. 만 3세 반을 2년 다녔다. 2년을 다니니 2번째 다닐 때 또래들보다 더 잘하고 그렇다 보니 꼬마 선생님이란 별칭을 가지고 생활을 했다.

드디어 올해 만 4세 반으로 옮겨 처음에는 즐겁게 다니다가 2주 정도 지나니 다시 유치원에 가고 싶지 않고 집에 있고 싶다고 하였다. 아내와 나는 여러 가지 방식으로 아이를 달래고 설득을 시켜 보냈다. 유치원에 가서는 즐겁게 보낸 날도 있고 엄마가 보고 싶다고 운 날도 있었다. 아내와 나는 아이가 왜 이런 행동을 보이는지에 대해 생각해보았다. 가윤이가 유치원에 가기 싫다고 하지만 유치원에 가면 대부분은 잘 지낸다. 이는 유치원이 싫은 것은 아니다. 지금 다정한 리더반에는 부담임 선생님이 계셔 작년과 달리 꼬마 선생님의 역할이 없다. 엄마가 휴직을 하여 집에 있기 때문에 유치원에 가지 않아도 엄마와 놀 수 있음을 안다. 지난 2년 간 만나던 담임 선생님과 헤어져 새로운 선생님께 적응을 해야 한다. 이러한 일련의 사안들을 고려한 결과 아이는 환경의 변화에 아직 적응을 잘 하지 못하고 자신이 해야 할 일이 줄어들어 가기 싫은 것이었다. 가윤이는 유치원도 좋지만 집이 더 좋다고 하는 것이다. 아이의 마음을 알았기 때문에 가기 싫어하는 것에 대해 우리 내외는 고민을 했다. 유치원이 즐거운 곳이 되어야 한다. 조심스럽게 담임 선생님께 부탁을 하였다.

"가윤이에게 꼬마 선생님으로서 심부름을 조금 시켜주시기를 부탁드립니다."

선생님은 우리의 말을 이해하시고 꼬마 선생님이라 하면서 가윤이에게 선생님의 보조를 부탁하였다. 점차 선생님과도 익숙해지면서 3달이 지난 지금은 유치원에 잘 가고 있다. 그러나 가끔씩은 "오늘 유치원 가는 날이야?"라고 질문을 하고 가지 않는다고 하면 좋아한다.

아이들의 마음을 읽어라

유아교육과 학생들은 학교를 다니면서 각각 한 달씩 '보육실습'과 '교육실습'인 교생실습을 나간다. 학생들이 실습을 나가면 교수들은 학생들이 실습을 잘하고 있는지 문제가 없는지에 대해 실습지도를 나간다. 보통 3-4주차에 실습지도를 나가서 원장 선생님을 뵙고 학생의 그동안에 있었던 일들에 대해 조언을 듣는다. 또한 학생들을 만나서 애로점을 해결해주기도 하고 수업의 준비 등에 대해 말해준다.

실습지도를 나가면 보통 최소한 1년에 14군데 이상의 유치원이나 어린이집을 방문하게 된다. 이렇게 방문을 하다 보면 가끔씩 유아와 선생님 간의 대화를 엿듣게 된다.

"수빈아, 친구를 밀치면 안 돼요."

"민희가 그냥 넘어졌지 저는 아무것도 안 했어요."

"수빈아, 화를 내지 말고. 민희가 넘어질 때 다른 친구들도 보았는데."

"제가 안 했고, 저는 화가 안 났는데요."

수빈이라는 아이는 울먹거리면서 두 주먹을 꽉 쥐고서는 화가 나지 않았다고 말을 했다. 수빈이가 민희를 밀었는지 밀지 않았는지에 초점을 두기보다 수빈이는 화가 났는지에 나지 않았는지에 초점이 맞추어졌다. 누가 보더라도 화가 난 것을 알 수 있다. 화를 참기 위해서 쥔 두 주먹과 목소리, 표정에서 알 수 있는 것이다. 어린아이들은 자신의 속마음을 숨기려고 할 경우에도 잘 숨기지 못하고 그대로 표현한다.

이런 상황일 때는 어떻게 해야 할까? 엄마의 입장에서는 어떻게 해야 할까? 아마도 수빈이는 자신이 밀었다는 것을 알고 있다. 하지만 자신이 밀지 않았다고 이야기를 먼저 했기 때문에 더 이상 다른 말을 할 기회가 없는 것이다. 선생님은 수빈이가 이 상황을 벗어날 수 있게 퇴로를 만들어주어야 한다. 사실로만 계속 집요하게 접근하면 수빈이는 계속 거짓말을 하고 관계만 나빠지게 된다. 선생님은 수빈이의 속마음에 있는 민희에게 미안해하는 마음을 찾아야 한다.

수빈이 본인도 화가 난 상태이기 때문에 어떤 말도 잘 들리지 않는다. 그러니 수빈의 화를 먼저 낮추어야 하는 것이다. 물컵에 맑은 물을 부어 넣고 싶다고 하더라도 더러운 물이 가득 차 있으면 부을 수 없다. 물컵의 더러운 물을 먼저 없앤 후에야 비로소 깨끗한 물을 담을 수 있다. 수빈이의 겉으로 들어난 화를 없앤 후에야 속마음의 미안함과 잘못함을 알 수 있게 된다.

엄마의 입장에서는 아이의 마음을 지속적으로 지켜봐주고 이해해주려는 노력이 항상 필요하다. 아이가 특별한 상황이 없는데도 불구하고 엄마를 그냥 성가시게 하는 경우가 있다. 일명 찡찡대는 것이다. 엄마가 기분이 좋으면 어떤 식으로든 받아주려고 노력을 한다. 엄마의 기분이 좋지 않은 경우에는 아이에게 짜증을 내는 경우가 있다. 특별한 것이 없는데 왜 아이는 엄마의 곁에서 귀찮게 하는 것일까?

대부분의 경우에는 엄마에게 할 말이 있는 경우다. 어려운 부탁, 즉 보통은 무엇을 사달라거나 가고 싶은 곳이 있는 경우다. 혹은 잘못한 것을 말해야 하는 경우, 간혹 잠이 오거나 몸이 아파서 그럴 수도 있다. 엄마의 입장에서는 아이가 갑자기 평소에 하지 않던 행동을 할 경우에는 여러 가지 경우의 수를 헤아려보아야 한다. 아이가 겉으로 드러내는 찡찡거림을 보고 귀찮아하면 안 된다. 아이의 속마음을 읽어야 하는 것이다.

첫째 딸 예지도 갑자기 곁에 붙어서 특별한 말을 하지 않고 계속 얼쩡거리는 경우가 있다. 이때는 무엇인가 말을 하고 싶은 것이다.

"예지야, 무슨 하고 싶은 말이 있니?"
"아니."

딸을 정면으로 바라보면서 진지한 표정을 가지고 다시 질문을 한다.

"아빠는 우리 딸이 하고 싶은 말이 있는 것처럼 보여. 네가 이야기를 해주어야지 아빠나 엄마가 답을 해주지."

쭈뼛거리던 딸이 나지막하게 이야기를 한다.

"사실은 있잖아. 학교에서 친구가 불빛 나는 볼펜을 가져왔는데 나도 사주면 안 돼?"

물건을 사주고 안 사주고의 문제가 아니다. 아이는 자신의 속마음을 이야기한 것이 중요하다. 물건을 사주는 결정은 이어지는 대화를 통해서 이루어지면 된다.

아이들도 점차 자라면서 사회문화와 규범을 접하게 된다. 점잖게 이야기를 하면 사회화가 되는 것이다. 나의 표현으로 하자면 눈치가 생긴 것이다. 눈칫밥이 생겨 겉으로는 아무 일 없는 듯 표현하고 속마음을 숨기려고 한다. 엄마의 입장에서는 아이가 표현하는 것을 일차적으로 믿고 보다 나아가 아이의 속마음을 헤아려주는 것이 좋다. 엄마가 아이의 속마음 잘 알아주면 아이는 자신을 마음을 숨기기보다는 터놓고 이야기를 하게 된다. 엄마는 아이의 속마음과 겉마음을 읽으면서 대화하는 것이 중요하다.

부모가 마음 읽기를 하지 말아야 할 때

1. 무엇인가 아이가 해야 해서 부모가 지시해야 할 때

아이가 숙제를 해야 할 때 아이가 마음의 감정을 읽어주면 부모가 원하는 숙제하기의 결과를 얻을 수 없다. 아이에게 "숙제하기 싫어? 그래… 싫겠다. 그런데 숙제는 해야 해."라고 해야 한다.

2. 긴급하고 바쁜 상황일 때

부모의 마음이 급하면 아이가 표현하는 언어적, 비언어적 표현 모두를 제대로 읽지 못한다. 이럴 때 진지한 대화를 하면 부모, 아이 모두 대화 후 상처를 입을 수 있다. 아이에게 "지금은 바쁘니 나중에 이야기하자고 해라." 그리고 반드시 대화를 해야 한다.

3. 부모 기분이 좋지 않을 때

기분이 좋지 않을 경우에는 아이의 이야기를 제대로 받아들이지 못하고 왜곡할 수 있다. 감정이 조절된 후에 대화를 하는 것이 필요하다.

5 때로는 부모의 마음을 보여주라

아이들이 당신 말을 듣지 않는 것을 걱정하지 말고
그 아이들이 항상 당신을 보고 있음을 걱정하라.

– 로버트 풀검

부모가 올바르게 마음을 표현하라

부모는 자식이 부모의 단점을 닮지 않기를 바란다. 그러나 유전적인 측면에서 보면 일정 부분은 불가능한 바람이다. 부모의 생김새를 닮는 것과 함께 행동도 닮는다. 부모가 고함을 지르면 아이가 고함을 지른다. 부모가 말을 험하게 하면 아이의 말도 험하다. 우리말에 "백문이 불여일견"이라는 말이 있다. '백 번 듣는 것보다 한 번 직접 눈으로 보는 것이 더욱 낫다.'라는 뜻의 말이다.

사회학습이론의 심리학자인 반두라는 1960년대 보보인형 실험을 하였다. 이 시험은 3세에서 6세 사이의 미취학 아동을 대상으로 실시하였다.

피험자가 된 아이들은 연구원과 함께 놀이방에 들어간다. 이 놀이방에서 연구원은 한쪽 구석에 놓여 있는 보보인형을 장난감 망치로 두들기거나 손으로 집어 던지는 등 공격적인 행동을 보인다. 이후 아이를 혼자 놀게 하면 이들은 공격적 행동을 보지 않은 아이에 비해서 훨씬 더 빈번하게 장난감을 공격적으로 다루게 된다. 특히 이 효과는 아이와 연구원이 같은 성(SEX)일 때 더욱더 두드러졌다. 아이는 동성의 어른 모습을 더 많이 따라 하는 것이다.

이 실험은 공격성이라고 할 수 있다. 하지만 조금만 실험을 확장해서 생각해보면 부모 역할의 중요성을 생각하게 한다. 부모가 어떠한 행동과 말과 표현을 하느냐에 따라 아이들도 달리 표현하기 때문일 것이다. 예전에 SBS에서 방영된 아이의 문제를 해결해주는 〈우리아이가 달라졌어요〉라는 프로그램이 있다. 그중 〈최강 폭군 혜성〉편을 보면 문제아 혜성은 도저히 감당을 할 수 없는 아이이다. 엄마와는 의사소통이 되지 않고 심지어 마음에 들지 않으면 주먹으로 엄마를 때린다. 여동생을 종을 부리듯이 대하고 말을 듣지 않으면 회초리로 때리거나 거침없이 손이나 발로 찬다. 말리는 엄마, 할머니에게는 입에 담지 못할 욕을 하고 마음대로 되지 않으면 또 때린다. 초등학생 아이라고 보기 어려운 행동을 하는 것이다.

혜성이에게도 두려워하는 존재가 있다. 아버지이다. 아버지가 오면 범 앞의 늑대처럼 혜성은 눈치를 보는 대신 동생은 기가 산다. 이 순간부터는 동생이 오빠를 놀리기 시작한다. 혜성이 화를 내려고 하면 아빠가 억압을 한다. 혜성은 너무나 억울한 마음이 가득하여 눈물을 터트리게 된다. 또한 혜성이의 하루 동안 잘못한 행동을 동생이 아빠에게 일러바치고 이로 인해 혜성은 아빠에게 응징을 당하게 된다.

혜성이의 아빠가 혜성이를 사랑하지 않는 것인가? 그것은 아니다. 다만 동생을 편애하고 아빠가 바라는 것을 잘 표현하지 못하기 때문이다. 혜성이가 잘한 것에 대한 칭찬은 없고 잘못한 것에 대해 강력한 징벌만 있는 것이다. 아빠가 아이에게 진정한 자신의 마음을 표현하지 못하는 것이다. 혜성이는 아빠가 하던 말투, 행동, 폭력성을 그대로 따라서 가족들에게 한 것이다. 프로그램 후반에는 아빠가 자신의 마음을 표현하고 아이와 놀아주면서 혜성이가 전혀 다른 아이로 변한다.

아이와 소통을 하고 싶다면 부모는 진정한 마음으로 접근을 하여야 할 것이다. 부모의 입장에서 아이와 대화할 수 있는 카드가 아이보다는 많다. 기본적으로 우위에 있는 것이다. 그러니 아이의 잘못된 행동이 보인다고 해서 부정적으로 접근을 하거나 화를 내는 것은 옳지 않다. 40세 된 부모가 5살 된 아이와 다툰다면 부모와 아이는 같은 수준인 것이다. 아이는 부모가 생각하는 만큼 부모의 의도를 제대로 알지 못한다. 어린아이가 축약된 시의 함축의미를 알 수 있을까? 정말 몇몇의 천재적인 아이를 제외하고는 알지 못한다. 부모는 아이에게 부모가 의도하는 것이 무엇인지를 차근차근 하나하나 설명을 해주어야 한다. 그렇게 해도 아이들은 잘 이해를 하지 못하는 경우가 많다. 답답해하지 말아야 한다. 그러니 어린이인 것이다.

다양한 방식으로 표현하라

초등학교 교사들에게 있어서 가장 바쁜 달 중에 하나가 2월 말부터 3월 초이다. 새로운 학년을 시작하는 학기 초이기에 환경미화부터 해서 아이들을 위해 해야 할 것이 매우 많다. 그중 한 가지는 아이들과 한 해를 함께 보내기 위한 약속을 정하는 것이다. 약속은 머릿속에만 두지 않고 교실 앞 오른쪽 게시판에 '우리학급 약속', '우리들의 약속' 등 여러 가지 타이틀로 해서 몇 가지 약속을 붙여둔다. 아이들과 1년 동안 생활하면서 반드시 지켜주기를 바라고 늘 기억하기를 바라서이다. 나 또한 교사 시절에 늘 4-5가지의 약속들을 게시판에 적어두었다. 이야기는 소곤소곤, 목소리는 크게, 복도에서 뛰지 않기 등이다.

생각과 달리 아이들과의 이 약속은 잘 지켜지지 않았다. 선생님과 학기 초에 약속을 하고 늘 보고 상기할 수 있도록 환경도 만들었는데 지키지 않는 것이다. 아이들에게는 한 번의 약속이 그 순간에는 중요하지만 잊어버릴 수 있다. 또한 앞의 게시판도 중요한 글귀가 아닌 하나의 게시 환경물이 된 것이다. 더 이상 교사가 고민한 것만큼 아이들은 생각하지 않는 것이다.

교사로서 노하우가 쌓였을 때 1주일에 한 번은 우리들의 약속을 다시 한 번 상기를 시키고 아이들에게 읽어보도록 했다. 그래서 학급의 아이들과 함께 이루어나가고자 하는 방향에 대해 지속적으로 알려주었다. 이러한 노력으로 아이들이 조금 더 약속을 지키게 되었다. 한 번의 마음을 보여주었다고 해서 아이들이 다 알고 실천하는 것이 아닌 것이다. 학급에 있는 아이들이 바로 집에 있는 자녀들인 것이다.

부모의 입장에서도 부모가 강조한 점들이 있을 것이다. 한 번 강조를 했다고 해서 아이가 잘 기억을 하고 실천을 할 것이라는 환상을 버리는 것이 좋다. 그렇다고 해서 매일 강조하라는 것은 아니다. 진실로 중요한 규칙이 있다면 이 규칙은 주기적으로 상기시켜주는 것이 좋다. 반복은 아이들에게 의식적이든 무의식적이든 자연스럽게 스며들어 행동으로 나타나기 때문이다. 중요한 포인트는 한 번에 너무 많은 것을 요구해서는 안 된다.

대화를 할 때도 취학 전 아이들에게는 한 번에 하나의 이야기를 하는 것이 좋다. 예를 들면 "TV를 끄고 물을 가져와라."보다는 "TV를 꺼." 하고 난 뒤 행동이 완료가 되면 "물을 가져오렴."이라고 말을 해야 한다. 이와 같이 아이들에게 부모가 바라는 바가 있을 때 너무 많은 규칙을 정해두면 아이들은 기억하지 못한다. 기억을 하지 못하니 당연히 모르고 지키지 않는 것이다. 아이들에게 부모가 진심으로 바라는 바가 무엇인지를 알 수 있는 중요한 몇 가지를 가슴에 기억하도록 하면 대화가 용이해진다.

대화를 반드시 말로만 할 필요는 없다. 글로써 자연스럽게 표현해볼 수 있다. 우리 집 식탁 위에는 감사일지 노트가 있다. 노트에는 하루 일과가 마무리 될 때 하루에 감사한 사람이나 감사한 일을 3가지 이내로 적도록 한다.

"예지가 인사를 잘해주어서 고맙습니다."
"아내가 따뜻한 저녁을 차려주어서 감사합니다."
"학교에서 동료가 커피를 한잔 사주어서 감사합니다."

이렇듯 아주 작고 사소한 일들이라도 감사한 것을 적어보도록 하는 것이다. 감사일지를 적어보면 아이들은 부모의 마음을 간접적으로 알 수 있고 부모 또한 아이의 마음을 간접적으로 알 수 있다. 단, 감사일지를 쓸 때 우리 집에서는 지켜야 할 몇 가지 규칙이 있다. ① 같은 내용을 반복해서 쓰지 않는다. ② 내용에 대해 서로에게 비난을 하지 않는다. ③ 바라는 점이 아니라 오늘 있었던 감사한 일에 대해 쓴다.

언급된 몇 가지 규칙만 잘 지켜서 감사일지를 쓰면 아이와 이야기할 거리가 생기고 아이의 어려움도 알게 된다. 글을 읽다가 이런 의문이 생길 것이다. 글을 알지 못해 쓰지 못하는 어린아이들은 어떻게 하지? 우리 집의 경우에는 2가지 방법을 사용한다. 첫째 누군가가 대신해 써준다. 가윤이는 글을 모르기 때문에 자신이 말을 하면 엄마, 아빠나 혹은 언니가 대신해 써주는 것이다. 두 번째 방법은 글을 모르는 아이가 자신 나름의 글을 쓰게 한다. 상형문자처럼 보이지만 글을 쓴 아이에게는 의미가 있다. 글을 쓰고 난 뒤 감사의 의미를 물어보면 된다. 물론 지속해서 의미를 알고 싶다면 부모가 설명을 듣고 난 뒤에 글을 적어두는 것이 좋다.

부모의 역할을 하는 것이 쉽지가 않다. 부모이기에 부모의 마음을 아이에게 잘 표현하지 못하는 경우도 많다. 표현하지 않은 것을 아이가 알아주기를 바라는 것은 더욱더 어려운 일이다. 아이와 공감을 가지고 이야기를 하고 싶다면 부모는 자신의 마음을 솔직하게 보여주어야 한다.

한 번 보여주었다고 해서 아이들은 다 아는 것이 아니다. 그러니 번거롭고 귀찮더라도 지속적이고 반복적으로 보여주어야 한다. 그러면 아이들도 부모의 마음을 알게 되고 나이의 수준에 맞게 대화가 될 것이다.

아이가 부모에게 협력하고 싶은 마음을 가지게 하는 방법

1. 본 대로 이야기하라

부모가 본 대로 혹은 문제점에 대해 자녀에게 이야기해주어라. 이야기를 해주게 되면 가장 좋은 점은 수치심과 비난을 피하고 모든 사람이 어떤 일을 해야 할지 알 수 있다는 것이다.

"우유가 쏟아졌구나. 행주가 필요해."
"화장실에 불이 켜져 있구나."

2. 정보를 제공해주어라

부모가 자녀에게 정보를 주기 좋아한다면 아이에게 평생 사용할 수 있는 멋진 선물을 제공하는 것이다. 자녀가 앞으로 살아가는 동안 여러 가지 정보는 매우 유용할 것이다.

"우유를 냉장고에 넣지 않으면 상한다."
"과자 봉지를 봉하지 않으면 과자 맛이 없어진다."

3. 한마디로 이야기해라

아이들은 부모가 장황하게 이야기하면 잔소리로 생각하고 부모의 말에 무감각해지며, 앞서 이야기한 것은 잊어버리는 경향이 있다. 그러므로 가능한 짧게 말하는 것이 바람직하다.

4. 메모를 남겨라

많은 아이들은 글을 읽을 수 있는지의 여부와 관계없이 편지 받는 것을 좋아한다. 비록 짤막한 편지나 메모라도 말이다. 편지나 메모는 부모들이 아이에게 자신의 뜻을 전할 수 있는 쉽고 빠른 방법이며, 일반적으로 즐거운 여운을 남긴다.

– 『나도 부모가 처음이야』, 김미경, 나유미, 이혜정, 출판사 : 어가 (2017)

6

아이의 표현 방법을 이해하라

결코 그 애에게 아무 일도 생기지 않게 할 수는 없어요.
그 애에게 아무런 일도 일어나지 않는다면 아무런 재미도 없잖아요.

– 영화 〈니모를 찾아서〉

아이는 관심을 받고 싶어 한다

여자의 마음은 갈대라는 말이 있는 것처럼 때때로 사람의 마음은 변화가 매우 심하다. 아이들의 경우에도 자신의 의지도 있지만 주변의 환경에 따라 마음이 수시로 바뀐다. 아이들에게 "너의 마음이 어떠니?"라고 질문을 할 경우에 많은 아이들이 "몰라요."라고 답한다. 대답을 하기 싫어서 이러한 답을 하는 것이 아니라 정말로 모르는 경우인 것이다.

저녁에 오렌지를 깎아 거실에서 가족들과 함께 먹으려고 했다. 내가 둘째 가윤이에게 물었다.

"오렌지 맛이 참 좋은데 먹을래?"

"아니, 먹기 싫어요."

그래서 나는 오렌지 하나를 포크에 집어서 큰딸 예지에게 건네주었다.

"예지야, 맛있으니 먹어보렴."

그때 갑자기 가윤이가 언니에게 건네는 포크를 낚아채서는 자기가 먹겠다고 하였다. 이 상황에서 큰딸 예지는 빼앗기지 않으려고 포크를 가운데 두고 밀고 당기는 소란스러운 일이 연출되었다. 오렌지가 없는 것도 아니고 쟁반에는 가득 있고 먼저 먹을 것인지에 대해서도 물어봤음에도 불구하고 소란이 발생한 것이었다.

순간적으로 화가 치밀었다. 누구의 잘못인가를 생각하면 당연히 둘째 아이의 잘못이다. 잘못을 떠나 왜 안 먹겠다는 음식을 갑자기 먹으려고 했을까? 이 점에 대해 생각해보았다. 아이는 언니에게 순간적으로 질투심과 경쟁심을 느낀 것이다. 심리학적 알프레드 아들러는 사람들의 심리를 설명하면서 출생 순위의 중요성을 언급하였다. 둘째 아이의 경우는 태어나면서부터 온전한 부모의 사랑을 공유한 경험이 없다. 태어날 때부터 첫째가 있기에 사랑을 나누어서 가질 수밖에 없다. 이에 첫째가 받는 관심을 자신이 조금이라도 더 받기 위해 매사에 욕심이 많고 경쟁심이 강하다.

가윤이도 언니에게 주어지는 관심을 갑자기 자기가 받고 싶어진 것이다. 아이의 입장에서 보면 과일을 먹고 못 먹고의 의미가 아닌 것이다. 사랑을 받고 못 받고의 의미인 것이다. 부모의 입장에서는 이 순간을 잘 헤아려주어야 한다. 부모는 아이들과 대화를 할 때 2가지 입장을 취해야 하는 것이다. 하나는 문제가 발생한 사실에 대해 이야기를 한다. 또 다른 하나는 아이의 심정을 헤아려주는 것이다. 언니가 먹으려고 하는데 갑자기 뺏는 행동은 나쁘다는 것을 알려주어야 한다. 먹고 싶다면 언니에게 양해를 바라든지 혹은 자신에게도 줄 수 있는지에 대해 물어봐야 한다는 것을 알려주어야 한다. 잘못만 지적하는 것이 아니라 그 행동을 대신해서 할 대안 행동도 가르쳐주어야 한다. 대안 행동이 제시되지 않을 경우에는 유사한 사안이 발생했을 때 지금껏 해왔던 행동을 그대로 반복할 확률이 높기 때문이다.

'가윤이의 마음이 어땠을까?'라는 관점에서 접근을 해보아야 한다. 언니에게 쏟아지는 관심에 질투심이 생겼고 오렌지도 갑자기 먹고 싶어진 것이다. 처음 자신에게 내밀어졌던 오렌지가 언니에게 가기에 저지해야 하는 마음도 생긴 것이다. 부모는 어떻게 말을 하면 좋을까? 나의 아내가 어수선한 상황을 정리하면서 말했다.

"가윤이는 언니가 먹는 것을 보니 갑자기 먹고 싶어졌구나. 하지만 언니 것을 뺏으면 안 돼. 대신 엄마의 사랑이 가득 든 오렌지를 먹어보렴."

아내는 오렌지 하나를 집어서 가윤이에게 주었다. 아이는 사랑받고 있다는 생각에 표정이 밝아지면서 오렌지를 먹었다. 엄마가 아이의 마음을 알아준다는 것이 그리 대단한 것이 아니다. 아이가 하는 행동, 표정 등을 기반으로 해서 살펴주는 것이다.

아이의 사고는 어른과 다르다

대부분의 아이는 부모가 자신들이 원하는 것을 알고 잘해줄 것이라 믿는다. 실제로 부모들은 자식을 위해서 잘해주려고 한다. 가끔씩 예외의 경우가 있지만 자연의 법칙이 그렇다. 취학 전의 유아들은 현실과 상상을 잘 구분하지 못하거나 자신이 모르면 다른 사람이 모른다고 생각한다. 부모의 입장에서는 아이가 왜 다른 사람을 이해하지 못하고 자신의 입장을 위주로 하는가에 대해 오해를 하는 경우가 있다. 인지심리학자인 피아제는 인지 발달의 단계를 4단계로 나누었다. 만 2세에서 만 7세의 아이들은 전조작기 단계에 속한다. 이 시기 아동들은 상징적 표상을 통해 실제 행동을 취하지 않고서도 사물을 이해할 수 있는 인지 능력을 보인다. 하지만 이들은 사물의 모든 면을 고려하지 못하며 지각적으로 두드러진 하나의 특징에만 집중하여 사고하는 중심화의 경향성을 보이기도 한다. 이러한 경향성은 자아 중심적 사고로 연결되어 타인의 인지적 조망을 수용하지 못하는 한계를 보인다.

예를 들면 아이가 곰돌이 푸우 인형을 앞에서 바라보고 있다고 하자. 당연히 아이의 입장에서는 푸우 얼굴에 있는 눈, 코, 입 등이 보일 것이다. 당연히 무엇이 보이는지 질문을 하면 눈, 코, 입이 보인다고 말한다. 여기까지는 너무나 당연하게 느껴진다. 만 3, 4세의 아이들의 인지가 얼마나 다른지를 알 수 있는 대목이 있다. 푸우의 뒤에 앉아 있는 엄마는 무엇이 보이는가를 물어본다면 무엇이라 답할까? 우리의 생각은 당연히 '뒷통수가 보인다.'이다. 하지만 대부분의 아이는 자신이 보는 것과 같이 엄마도 보고 있다고 생각한다. 푸우의 눈, 코, 입이 보인다고 말한다. 다른 사람의 관점을 이해하는 조망 능력이 부족한 것이다. 아이는 진정으로 거짓말을 하는 것이 아니라 사실을 말하는 것이다.

우리는 아이의 행동에서 도저히 이해가 가지 않는 행동들이 있음을 가끔씩 발견할 수 있다. 이러할 때 아이가 부모를 속이려는 행동인지, 아니면 진정으로 발달의 단계에서 발생할 수 있는지를 알아야 한다. 이러한 부모의 노력이 있을 때 아이들과 진정으로 대화를 할 수 있기 때문이다. 아이들은 어른의 축소판이 아닌 것이다.

아이들과 숨바꼭질을 해보아라. 뻔히 보이는 곳에 숨어 있음에도 어른이 발견하지 못하고 이리저리 찾아다니면 아이들은 정말로 좋아한다. 자신들이 보지 못하면 어른들도 보지 못한다고 생각하는 것이다. 너무 시간을 끌어도 안 되고 너무 빨리 찾아도 안 된다. 아이들이 조마조마한 마음을 가지고 충분히 즐거움을 느낀 후 찾아내야 한다. 그리고 한마디 더 붙이면 "어떻게 그렇게 잘 숨었니?"라고 해준다.

아이들과 가끔씩 시장에 갈 때가 있다. 아이들은 걷는 것을 크게 좋아하지 않는다. 자신들이 관심이 있는 코너로 가면 자연스럽게 다리 아프다는 이야기도 하지 않으며 열심히 잘 걸어다닌다. 그러다가 어느 순간에 멈칫멈칫하는 경우가 있다. 가자고 해도 잘 가지도 않고 계속해서 이것저것 만진다. 엄마의 얼굴을 쳐다보고 나의 얼굴을 쳐다보고 한다. 말은 하고 있지 않지만 행동으로 나타난다. '나 여기서 무엇을 사고 싶어요.'라는 의미이다. 부모들은 이걸 알아차리는 순간 아이와 실랑이를 벌이게 된다.

아이들은 자신이 자라난 환경에 따라서 표현하는 방식이 다르다. 가족의 경제력, 소통력, 분위기를 아이들은 안다. 알고 있기에 무엇을 해야 할지 하지 말아야 할지도 안다. 물건을 사 줄 분위기인지 아닌지도 아는 것이다. 우리 집 아이가 시장에서 사달라고 말 못하는 것은 상황적으로 사달라고 할 상황이 아닌 것을 알기 때문이다. 우리는 원칙적으로 약속을 했기에 사주지 않는다. 원칙과 별도로 아이가 가져야 하는 이유는 들어본다. 이유가 타당하다고 생각을 하면 사줄 때도 있다. 이날은 아이들에게는 특별한 날이 되는 것이다.

아이들은 어른들처럼 자신의 의견을 조리 있게 잘 표현하지 못한다. 하지만 그들도 어른들처럼 자신의 생각을 잘 전달하고 싶어 한다. 부모의 입장에서 아이가 말의 문맥이 매끄럽지 못하더라도 상황, 표정, 행동 등을 고려하면 아이의 속마음을 알 수 있다. 부모가 아이 자신의 속마음을 잘 읽어주면 부모와 자식 간에 애착과 신뢰가 쌓이게 된다. 좋은 관계는 다시 좋은 대화로 선순환하게 되어 아이가 자신의 마음을 숨기지 않고 솔직히 말하게 된다.

나-전달법 세 가지 요소

1. 행동

부모를 괴롭히는 자녀의 행동을 비난 없이 간단하게 진술하는 것이다. 예를 들면 "네가 떠들면"이 아니라 "네가 큰 소리로 말하면"과 같이 자녀의 행동을 비난하지 않고 진술하는 것이다.

2. 영향

자녀의 행동이 부모에게 미치는 구체적인 영향을 진술하는 것이다. 구체적인 영향은 자녀의 행동으로 인해 부모가 소모하게 되는 시간, 노력, 비용 등을 의미한다. 예를 들어 "네가 큰 소리로 말하면(자녀의 행동), 엄마는 전화 통화 중에 상대방의 말소리가 잘 들리지 않는다(부모에게 미치는 영향)."라고 말하는 것이다.

3. 감정

가장 핵심적인 요소로 자녀의 행동으로 인해 부모가 느끼는 감정이 어떤 것인지를 표현하는 것이다. 예를 들어 "네가 큰 소리로 말하면(행동), 엄마는 전화 통화 중에 상대방의 말소리가 잘 들리지 않아서(구체적인 영향), 몹시 기분이 좋지 않다(감정)."라는 식으로 표현하는 것이다.

– 『부모 역할 훈련(PET)』, 토머스 고든. 출판사 : 양철북(2002)

7 먼저 아이의 말을 경청하라

사랑의 첫 번째 의무는 상대방에게 귀기울이는 것이다.

– 폴 틸리히

들을 준비를 하라

학과 연구실에 있던 어느 날 부속 유치원 원감 선생님이 급하게 찾아왔다. 원아 중 명섭이라는 남아 한 명이 다른 아이들을 너무 때리고 욕을 한다는 것이었다. 아이와 상담을 하고 부모님과도 대화를 했는데 나아지는 기미가 보이지 않는다고 하였다. 무엇보다 다른 학부모님들의 항의가 심하다고 하였다. 이에 원장 선생님과 상의를 해서 나에게 찾아왔다고 하였다. 학과에 있으면서 간접적으로 이 아이에 대해 들은 바는 있었다. 욕도 하고 자신의 마음에 들지 않으면 선생님을 때리거나 심하면 침을 뱉는다는 것이었다. 원감 선생님이나 원장 선생님이 오면 행동을 하지 않았는데 최근에는 원감 선생님에게도 욕을 하기 시작했다고 했다.

나는 아이를 보다 객관적으로 살펴보기 위해 원감 선생님께 아이와 관련된 자료를 달라고 했다. 관찰일지, 그동안 상황이 담긴 문서 등을 받았다. 저녁에 자료를 검토하고 다음날 유치원에 내려갔다. 유치원에는 한쪽에서는 볼 수 있고 아이들은 볼 수 없는 일반경 교실이 있었다. 그곳에서 한 시간 가량 아이의 행동을 지켜보았다. 활동 시간에 가만히 있지 못하고 계속해서 돌아다니거나 다른 아이들을 건드렸다. 한마디로 집중을 하지 못했다. 부모와의 직접 상담이 필요했다.

2일이 지난 저녁에 부모님 두 분이 명섭이와 함께 연구실로 왔다. 명섭이는 깍듯하게 인사를 잘 하였다. 밝은 얼굴로 내가 묻는 말에 대답을 잘 하였다. 여느 아이와 다를 바가 없었다. 명섭이의 부모님은 계속적으로 집에서는 지금과 같이 잘 한다고 하였다. 부모님과 있는 동안은 정말로 신기할 만큼 명섭이는 얌전했다.

내가 명섭이에게 물었다.

"집에서는 어떻게 지내?"

명섭이는 아빠의 눈치를 살피면서 주저주저했다.

"저, 저……."

말하는 동안 갑자기 명섭이 아빠가 아이를 나무라기 시작했다.

"교수님이 묻는데 제대로 말하지 못해?"

편안하게 보이던 명섭이 아빠의 얼굴이 전혀 다른 얼굴로 보였다.

나는 문제의 원인을 어느 정도 알아차렸다. 명섭이 아빠는 아이의 이야기를 들을 준비가 되어 있지 않았다. 무엇보다 자신이 원하는 대답을 하지 않으면 윽박질렀다. 명섭이는 위축이 되고 더 이상 말을 하지 않았다.

풍선 효과에 대해 들어본 적이 있을 것이다. 부풀어진 풍선의 한 부분을 누르면 그 부분은 작아지더라도 결국에는 다른 부분이 커진다. 집에서 억눌러진 감정이 결국에는 많은 시간을 보내는 유치원에서 터지는 것이다. 물론 아빠보다 약한 존재에게 분노를 쏟는 것이다. 친구들, 선생님들은 일찌감치 힘이 없는 존재로 생각을 한 것이다. 원감 선생님과 원장 선생님은 간을 보다가 원감 선생님에게는 해도 된다고 판단한 것이다.

명섭이의 이런 잘못된 행동은 부모가 아이가 이야기하는 것을 들으려는 마음의 준비가 되어 있지 않기 때문이다. 아이가 이야기를 하면 부모가 경청을 하여 아이의 마음을 헤아려주어야 한다. 명섭이는 자신이 하고 싶은 말을 할 기회가 없었고 하는 방법도 제대로 배우지 못한 것이다. 이로 인해 대화의 방식이 폭력과 함께 자기중심적이 되는 것이다.

아이들은 누구보다도 자신이 좋아하는 사람에게 말을 하고 싶어 한다. 말의 내용이 맞든지 틀리든지 중요하지 않고 전적으로 부모가 자신의 이야기를 들어주기를 원한다. 상황에 따라서 잘 들어줄 수도 있고 그렇지 못할 수도 있다. 초등학교 저학년 이하의 아이들은 맥락을 제대로 살피지 못한다. 그럼에도 부모는 열심히 들어주어야 한다.

아이의 이야기를 들어주라

아내는 아이들에게 책도 잘 읽어 주고 이야기도 잘 들어준다. 솔직히 아빠인 나보다 엄마가 훨씬 더 인기가 많다. 아이들은 엄마를 가운데 두고 자신의 이야기를 동시에 하는 경우가 있다. 당연하게 먼저 이야기를 한 아이의 이야기를 듣고 있으면 다른 아이는 엄마를 흔들면서 자신의 이야기를 듣도록 요구한다. 자신의 이야기를 엄마가 제대로 듣지 않으면,

"엄마는 언니 이야기만 들어."

"나를 사랑하지 않아."

이렇게 자신만 생각하거나 울음을 터트린다. 아내는 이럴 경우에 아이를 야단치거나 혼을 내기보다는 분명하게 이야기를 한다.

"언니가 먼저 말을 했으니 다 듣고 가윤이 말을 들을게."

물론 순서와 관계없이 자신의 이야기를 들어 달라고 떼를 쓰는 경우도 있지만 대부분은 수긍을 하고 기다린다.

아이의 말을 경청한다는 것은 아이의 마음을 보듬어주는 것이다. 긍정적인 표현은 말하는 사람도 편하고 받아들이는 사람도 편하다. 부정적인 감정 표현은 말하는 사람도 힘들고 받아들이는 사람도 힘들다. 아이가 부정적으로 말할 때는 아이도 힘이 많이 든다. 아이가 여러 가지 말을 하는 것을 부모는 이도저도 따지지 말고 그냥 수긍해주는 것이다. 즉 들어주는 것이다. 아이가 표현하는 감정이 "적절하지 않아요.", "말도 되지 않아요."라고 할 필요가 없다. 먼저 논리적으로 훈계를 해서 고치려고 하지 말고 그냥 들어주면 된다. 수긍해주어라.

"네가 화가 많이 난 것을 알겠다."

"이야기를 들어주지 않아 속상한 것을 알겠다."

큰딸 예지는 집에서와 달리 밖에서는 다른 사람들과 적극적으로 사귀지 못한다. 행동의 반경이 넓지 않고 먼저 말을 걸지 못한다. 내향적인 성격이다. 1학년, 2학년 모두 학기 초에 대인관계로 어려움을 가졌다. 아이들과 잘 어울리지 못하여 집에 올 때에는 짜증이 나 있는 상태였다. 어린 나이지만 자존심이 있어서인지 자신의 문제를 선뜻 이야기하지 않았다. 간접적인 상황으로 우리는 어느 정도 대인관계에서 어려움을 겪는다는 것을 눈치 챘지만 말할 때까지 기다려주었다.

학교 준비물, 생활 등을 이야기하면서 자연스럽게 친구들에 대해 물어보았다. 예지는 지금까지 말을 잘 하다가 갑자기 입을 닫았다. 그 순간 속으로 '지금도 자신이 하기 싫은 이야기를 감추는데 사춘기가 되면 더욱 심해지겠구나.'라는 생각이 들었다. 약간의 침묵이 흘렀지만 지금까지 아빠로서 보아온 모습에 대해 말을 했다.

"예지가 힘이 많이 없어 보이고, 짜증을 많이 내는 것 같이 보이고……."

나의 이야기를 마치고 나니 예지는 물끄러미 우리를 쳐다보았다. 한참을 머뭇거리다가 드디어 입을 열었다. 1학년 때 친한 친구들은 지금 반에 거의 없고 있던 친구도 다른 친구와 사귀고 있어 쉬는 시간에 자리에만 앉아 있다는 것이었다. 이야기 도중에 충고를 해주고 싶은 생각이 들었지만 끝까지 들어주었다. 아이는 자신의 이야기를 하고 난 뒤에는 표정이 한층 밝아보였다. 우리는 이런저런 이야기를 하였다. 예지의 행동을 변화하는 방식으로 친구와 대화를 하면 포인트 1점 등 행위에 따라 집에서 정해준 포인트 점수를 주기로 했다. 매일 우리 내외는 아이의 이야기를 듣고 합당한 포인트를 부여했다. 이러한 방식으로 현재는 학교를 즐겁게 잘 다니고 있으며 더 이상 포인트를 주지 않고 있다.

아이의 이야기를 먼저 들어주는 것이 중요하다. 아이들은 부모가 알고 있는 것만큼 삶의 지혜도 지식도 없다. 당연히 부모의 입장에서 보면 아이가 틀린 것들이 많다. 그러나 아이들은 그들의 논리를 가지고 있다. 하고 싶은 이야기가 있는 것이다. 논리성, 효율성으로 따지지 말고 아이가 하는 말을 진득하게 들어야 한다. 온몸을 기울여서 경청을 해야 하는 것이다. 이러한 부모의 노력은 자녀와 자연스러운 일상의 대화가 되고 행복이 된다.

적극적 경청의 기본 태도

1. 아이의 문제에 진심으로 도움이 되기를 바라야 한다.

2. 아이의 생각이 무엇이든 진심으로 받아들일 수 있어야 한다.

3. 아이가 자신의 감정을 다스리고 문제를 해결할 만한 능력을 가지고 있다는 마음이 있어야 한다.

4. 아이가 하려는 말을 시간을 가지고 들을 수 있어야 한다. 시간이 없으면 지금은 시간이 없으니 언제 말하라고 하면 된다.

5. 감정은 일시적이고 영원한 것이 아니라는 것을 알아야 한다.

6. 아이를 하나의 독립적인 인격체로 볼 수 있어야 한다.

8

눈치 보게 하지 말고 자유롭게 두라

자신의 능력을 믿어야 한다. 그리고 끝까지 굳세게 밀고 나간다.

– 로잘린 카터

자유로운 분위기를 만들어주라

인간은 자신이 자유롭게 하고 싶은 것이 있고 그것을 할 수 있는 자유가 있다. 여기에는 당연히 아이들도 포함이 된다. 말문이 트이고 문장을 어느 정도 이해하기 시작하면 부모나 주변의 사람들이 나누는 대화에 관심을 가진다. 대화 도중에 의문이 생기거나 이해가 안 되면 질문을 한다. 가끔씩은 대화의 주제와는 멀지만 자신의 의견을 말하는 경우도 있다. 아이들이 대화에 참여하거나 듣도록 하는 것은 환경이 중요하다.

"어른들 대화하는데 어디에."

"조그만 놈들이 무엇을 안다고."

"귀찮으니 저리 가."

아이들을 무시한다면 아이들은 대화를 할 수 없다.

초등학교 교사 시절에 교실 책상에 앉아 쉬는 시간에 아이들을 보고 있으면 아이들의 가풍을 대부분 알 수 있었다. 아이들 중에는 신이 나서 계속 자신의 이야기를 하는 친구도 있고, 다른 친구의 이야기를 듣는 친구도 있다. 혹은 잘 호응을 해주어 너도나도 그 친구와 이야기하려고 몰려 있는 경우도 있고 언제나 혼자 앉아 있는 아이들도 있다.

수진이는 자신의 이야기를 논리적으로 잘 말하였다. 일명 공부도 잘 하였지만 자신이 하고 싶은 말이 있으면 틀린 부분이 있더라도 자신의 생각대로 편안하게 이야기를 하였다. 말하는 것에 대해 크게 두려움을 가지고 있지 않았다. 수진이와 상담을 하면서 수진이의 부모님들이 자신의 이야기를 끝까지 잘 들어준다는 것을 알았다. 특별한 일이 없더라도 엄마와 하루에 일정 시간을 이야기하고 아빠도 친구 같아서 편하게 말할 수 있다고 하였다. 대화를 하면서 자신이 늘 괜찮다고 느낄 수 있고 즐겁다고 하였다.

학부모 상담 주간에 수진이 엄마를 만났다.

"수진이는 자신감 있게 발표나 말을 아주 잘 해요."

"감사합니다. 저희 부부는 단지 아이가 이야기를 할 때 끝까지 들어주려고 해요. 아이는 복덩이잖아요. 믿는다, 사랑한다 등으로 말을 마쳐요."

이 대화에서 아이를 믿고 자유로운 분위기를 만들어주는 것이 얼마나 중요한지를 알게 된다.

한글이는 말을 약간 더듬고 목소리가 언제나 기어들어갔다. 그래서 발표를 해도 무슨 말인지 알아들을 수가 없었다. 한글이의 어머니와도 상담을 하였다. 한글이의 어머니도 무척 아이를 사랑했는데 상담 내용 중에서 이런 말을 하신 적이 있다.

"내 아이지만 말을 너무 못해요. 잘 하라고 그렇게 이야기해도 잘 안 되네요."

한글이 어머니의 말투는 약간 짜증이 섞이고 화가 난 것처럼 들렸다. 속으로 '나하고 대화하는데도 이런데 한글이는 말하기가 싫지 않겠다.'라는 생각이 들었다. 부모가 편안한 환경을 만들어주지 않으니 당연히 말을 할 때 조심조심하게 될 것이다. 가정에서부터 편안한 대화의 장을 만들어주어야 한다.

아이에게 알려주라

두 딸은 우리 내외가 이야기하는 것에 너무나 관심이 많다. 자신들과 상관이 없는 일임에도 불구하고 궁금해하고 알고 싶어 한다. 우리는 아이들이 궁금해하면 사안에 따라 자세히 설명해주기도 하고 간략하게 요약해서 알려주기도 한다.

간략하게 요약해서 알려주는 상황이다. 우리 집 배수관에 문제가 생겨 아랫집의 벽지가 젖고 주변에 걸어둔 옷에 곰팡이가 생겼다. 아랫집에서 우리에게 벽지의 도배와 곰팡이가 생긴 옷에 대한 세탁비를 청구하였다. 이에 관한 이야기를 하는 도중 옆에서 듣던 예지가 질문을 하였다.

"무슨 말인데, 벽지를 우리가 왜 주어야 하는데?"

우리 내외는 우리의 생각이 필요 없는 상황이라 판단하고 사실 위주로 전달을 했다.

"우리 집 배수관이 문제가 생겨 아랫집에 벽지가 젖어 도배를 우리가 해주어야 해. 그리고 주변에 있던 옷에 곰팡이가 생겨 세탁비를 물어주어야 해."

아이들은 이해를 하고 무엇보다 가족 구성원으로서 존중받는다는 생각을 가진다.

엄마가 아이를 학대한 뉴스를 보는 도중 우리 내외는 문제점에 대해 이야기를 하였다. 이때도 아이들은 관심을 가지고 질문을 한다. 이런 내용은 사실 전달만을 하지 않고 부모가 아이들을 대해야 하는 태도에 대해서도 대화를 나눈다. 자연스럽게 아이들도 자신의 생각을 이야기한다. 대화에 있어서 허용적인 분위기를 만들어주는 것이다. 6살 가윤이가 "엄마가 그러면 안 되잖아."라는 말을 하면 우리는 이유를 묻는다. 아이의 수준에 맞게 이유를 거침없이 말하는 것이다.

나는 여행, 물건 구매, 간단한 집안일 등이 있으면 아이들에게 물어본다. 거창하게 붙이면 가족회의라고 할 수 있으나 그냥 의견을 수렴한다. 아이들이 자신의 의견을 자연스럽게 표현할 수 있다는 것을 '매슬로우의 욕구 단계'로 확대해서 생각해보면 안전한 환경이 되고 이는 소속감을 느끼게 해준다. 아이들에게 전문적이고 많은 것을 요구하기보다는 그들의 생각을 편안하게 말할 수 있는 기회를 만들어주는 것이 중요하다. 대화에 있어서 틀림도 맞음도 없음을 알려주고 스스로 판단하게 해주는 것이 중요하다.

남자와 여자는 신체, 인지, 감정 등에서 많은 차이가 난다. 아이들에 있어서는 더욱더 극명하게 차이가 난다. 남자아이들은 자신의 의견을 말로 잘 표현하지 못하는 반면에 여자아이들은 자신의 의견을 상당히 잘 표현한다. 아내 친구 가족과 함께 같이 여행을 간 적이 있다. 둘째끼리 나이가 같으나 성별이 달랐다. 같은 나이임에도 불구하고 우리 아이는 말을 잘하고 누나처럼 보였다. 이러한 모습을 본 아내의 친구는 자신의 아이가 늦는 것이 아닌가 하면서 많은 걱정을 하였다. 걱정하지 말고 발달하는 한 단계일 뿐이라고 해도 크게 믿지 않았다. 나는 일반적으로 편하게 남자아이들이 언어적인 측면에서만 본다면 여자아이들에 비해서 2세 정도 늦다고 생각하라고 했다. 실제로도 그렇다.

EBS 〈아이의 사생활〉에서 남자아이와 여자아이의 언어 능력은 차이가 있다고 단정한다. 이 차이는 남녀의 뇌에서 언어를 담당하는 부위에 차이가 있다는 데서 출발한다. 남자아이의 뇌는 분석적이고 언어활동을 할 때 주로 좌뇌를 사용한다. 여자아이의 경우는 양쪽 뇌를 사용한다. 이는 여자아이가 양쪽 뇌를 모두 사용하기에 여자아이의 뇌량이 남자아이보다 넓어 좌뇌와 우뇌의 연결이 긴밀하고 효율적이다. 여자아이들이 뇌의 뇌량이 작은 남자아이들보다 언어 능력이 탁월한 것은 너무나 당연한 것이다. 여자아이들이 언어 능력, 공감 능력이 뛰어난 반면 남자아이들은 공간 능력 등 다른 부분이 뛰어남으로 서로 비교하는 것은 큰 의미가 없다. 우리 아이가 아내의 친구 아이와 덩치는 비슷하지만 서로 밀기를 했을 때 너무나 쉽게 밀려버렸다. 남자아이들의 육체적 특성이 뛰어남을 볼 수 있는 것이다.

아이는 부모가 편해야 한다. 편하지 않으면 말을 제대로 하지 못하고 하더라도 부모가 듣고 싶은 이야기를 한다. 아이가 자신의 이야기를 눈치 보지 않고 소신 있게 하도록 해야 한다. 남의 이야기가 아닌 자신의 이야기를 자유롭게 가정에서 한다면 유치원, 학교, 사회로 나아가서도 자신을 잘 표현할 수 있다. 하지만 가장 안전해야 할 집에서부터 통제와 제한을 받는다면 아이는 자신의 의견을 감출 수밖에 없다. 부모들은 아이와 진실한 소통을 원한다고 하지만 스스로 제한을 두는 것이다. 하지만 경직된 분위기에서는 절대 말을 할 수 없다는 것을 명심해야 한다.

자유로운 분위기를 만들기 위한 부모의 역할

1. 밝은 표정을 지어라

아이가 표정이 없고 소극적이라면 부모 자신의 표정을 밝게 지어라.

2. 긍정적이고 민주적인 방식으로 아이를 대해라

부모의 지나친 잔소리나 고함, 강압적인 태도, 부정적인 말씨, 무관심이 지나칠 때 아이들은 산만해진다.

3. 혼자 할 수 있는 습관을 길러주어라

아이가 스스로 할 수 있도록 돕는 것은 부모로서의 최소한의 배려이다. 아이가 독립할 수 있도록 혼자 해결하는 습관을 길러주어야 한다.

4. 선택할 수 있게 도와주어라

아이가 하고 싶은 일을 할 수 있도록 그리고 선택할 수 있도록 기다려주어야 한다.

5. 자신의 양육 방식을 되돌아보아라

아이의 변화를 기다리는 마음은 간절하지만 많은 노력과 기다림이 있어야 한다. 내 아이와 다른 아이가 많이 다르게 느껴진다면 어머니의 양육 방법을 다시 생각해보고 먼저 어머니 자신이 변화하도록 해야 한다.

– 『부모 교육』, 김미경, 나유미, 이혜정. 출판사 : 양성원(2016)

초보 엄마 아빠를 위한 ...

4 장

아이의 자존감을 키워주는 행동 요령

1

아이를 긍정적으로 보고 올바르게 칭찬하라

자주 칭찬을 받는 어린이는 자주 책망 받는 어린이보다 지능이 더 잘 발달된다.
칭찬에는 창조적인 요소가 있음에 틀림없다.

– 토마스 드라이어

칭찬을 해주어라

부모가 된 우리도 자존감에 대해 많은 이야기를 한다. 사람들은 '내가 자존감이 낮아서 혹은 자존감이 높아서 이 일을 할 수 있다, 없다.'라고 이야기를 한다. 자존감이 무엇인가? 자존감은 자기존중감의 줄임말이다. 자기를 존중하는 마음을 가진다는 것이다. 내가 다른 누군가를 존중하면 그에 대한 몸과 마음이 대하는 태도가 달라진다. 자존감이 중요한 이유가 바로 이것이다. 내가 나를 존중하는 마음을 가지게 되면 일상의 태도나 나를 대하는 행동, 태도가 달라진다. 넓은 의미로는 매사에 있어서 '할 수 있다'는 마음가짐을 가지느냐 못 가지느냐의 문제로까지 확대 해석이 가능하다. 아이들의 자존감을 키워주는 것은 그 어느 것보다 중요한다. 아이의 자존감 수준에 따라서 아이의 삶이 변화될 수 있기 때문이다.

자존감을 키워주는 첫 번째 키워드는 칭찬을 해주는 것이다. '칭찬'의 국어사전적 의미는 좋은 점이나 착하고 훌륭한 일을 높이 평가함이다. 어떤 사건이나 행동의 결과에 있어서 올바른 결과에 대해 긍정적인 평가를 해주는 것이다. 2000년 대 초반에 대한민국에 '칭찬 열풍'을 불러일으켰던 밀리언셀러인 캔 블랜차드의 『칭찬은 고래도 춤추게 한다』가 있다. 이 책에서는 범고래가 멋진 쇼를 보이게 하기 위해서 두 명의 범고래 훈련 전문가가 3톤이 넘는 범고래를 지속적으로 칭찬하고 행동을 변화시키는 과정이 설명되어 있다. 칭찬은 야생의 범고래의 습성도 범고래 훈련 전문가가 원하는 방향으로 변화시킬 수 있는 것이다. 일상에서 다른 사람에 대해 긍정적인 관심을 가지고 지속적으로 칭찬을 하는 사람은 드물다. 하지만 부모는 아이와 있는 동안 아이를 한없이 칭찬해줄 수 있다. 칭찬은 아이에게 '나도 참 괜찮은 사람이구나.'라는 생각을 가지게 한다. 아이가 자신을 바라보는 관점이 긍정적이면 주변의 사물도, 일상도, 작은 도전도 긍정적으로 사고할 수 있다. 긍정적인 사고는 자신감을 불러일으켜 도전의식으로 확장된다.

우리는 칭찬을 할 때 굉장히 대단한 것만을 해야 한다고 생각한다. 그렇다 보니 부모의 입장에서는 아이에게 칭찬을 할 것이 없다는 생각이 든다. 아이가 말을 잘하는 것도, 노래를 잘 부르는 것도, 공부를 잘하는 것도, 영어를 잘 말하는 것도 아니기 때문이다. 옆의 사람과 비교를 하면 모든 부분에서 부족하게만 느껴질 수 있는 것이다. 쉽게 이야기를 해서 칭찬거리를 찾을 수 없는 것이다. 부모들은 칭찬의 중요성을 알지만 무엇을 칭찬을 해야 할지 어떻게 해야 할지를 모른다.

아이에게 하루에 한 번의 칭찬을 해주고 싶다면 아이가 하루에 한 일을 메모지에 적어보자. 많은 부모들이 이렇게 반문을 할 것이다. "일상에 특별한 것이 없는데 어제나 오늘이 거의 비슷한데 무엇을 적는단 말인가요?"라고 말이다. 너무 큰 것을 생각하게 되면 한 달에 한 번도 칭찬할 것이 없다. 다음의 내용과 같이 작은 것부터 적어보라.

– 아이가 유치원에 가기 위해 혼자서 제시간에 일어났다.
– 혼자서 세수를 하고 양치를 했다.
– 유치원에서 독서상을 받았다.
– 반찬을 골고루 먹었다.

일상의 작은 성공의 경험을 적어보고 이 중에서 잘한 것을 적어보도록 하는 것이다. 칭찬을 받아본 경험이 없는 아이들은 칭찬을 하면 괜스레

머쓱해하면서 당황하는 경우가 있다. 하지만 작은 것이지만 부모로부터 칭찬을 지속적으로 받아본 아이는 자신에 대해 긍정적이고 매사에 의욕이 넘침을 알 수 있다.

자신의 장점을 알게 하라

상담의 한 방식으로 자신의 장점 적어보기가 있다. 나는 자존감이 낮은 내담자와 상담을 할 때 자주 장점 적어보기를 한다. 이 책을 읽고 있는 독자들도 자신의 장점을 10가지 적어보도록 하자. 잘 적는 부모도 있을 것이고, 잘 적지 못하는 부모들도 있을 것이다. 많은 부모가 생각보다 잘 적지 못했을 것이다. 장점을 적으려고 하니 무엇인가 거창하거나 대단한 것을 적어야 할 것 같은 생각이 드는 것이다. 그래서인지 선뜻 적지 못한다. 반면에 자존감이 낮은 내담자에게 자신의 단점을 적어보라고 하면 정말로 눈 깜짝할 사이에 10개를 적고 더 적을 수 있다고 한다. 자신을 바라봄에 있어서 장점을 적는 것은 어려우나 단점을 적는 것은 너무나 쉬운 일인 것이다. 단점의 내용은 다음과 같다.

– 공부를 못한다.
– 운동을 못한다.
– 말을 잘하지 못한다.

내용을 살펴보면 전반적으로 수준이 나타나는 것이 아니라 두리뭉실하게 잘하지 못한다로 표현된다. 이러한 영향 때문에 우리가 칭찬을 잘하지 못하게 되는 것이다. 너무 뛰어난 것을 칭찬하려고 하지 말아야 한다.

영주는 초등학교 5학년 남학생이었다. 학교에서 두각을 나타내는 것이 없고 장난이 심한 아이였다. 그래서인지 언제나 의기소침하고 자신감이 없었다. 영주와 상담을 할 때도 마찬가지로 장점 적기를 했는데 10분 동안 하나도 적지를 못했다. 적지 못한 이유는 자신은 잘하는 것이 없어 적을 수 없다는 것이었다. 영주와 상담을 하면서 알게 된 내용이 학교에서 수영선수를 하고 있으며 아버지와 마라톤을 뛴다는 것이었다. 영주는 수영선수로서는 뛰어난 실력을 소유하고 있지 않은 것은 사실이었다. 하지만 일반 친구들과 비교를 해서는 수영 실력이 월등히 뛰어났다. 하지만 영주는 상담 초반에 자신은 수영을 잘하지 못한다고 이야기를 했다. 또한 아버지와 마라톤을 주기적으로 뛰어 마라톤 대회에서 10km를 50분대에 들어온다고 했다. 과연 초등학생 중에서 10km를 완주할 수 있는 아이는 몇 명이 될 것이고 50분대에 들어오는 아이는 얼마나 될까?

영주와 10회기 정도의 상담을 하면서 매 회기마다 자신의 장점을 적도록 하였다. 상담을 종결할 때에는 영주는 63개의 장점을 적었다. 장점을 적으면서 영주는 10분 정도 대성통곡을 한 적이 있었다. 자신이 이렇게 잘할 수 있는 것이 많다는 것을 알지 못했는데 알게 되어서 기쁘다는 것이었다. 상담을 마칠 때 자존감을 상당히 많이 회복하였다.

다른 사람으로부터 칭찬을 듣는다는 것은 매우 좋은 일이다. 하지만 칭찬을 함에 있어서도 특별한 방법이 있음을 기억해야 한다. 우리는 언제 칭찬을 듣는가? 대부분의 경우 무엇인가를 성취하고 난 뒤의 일이다. 올바른 결과에 대한 긍정적인 평가로서 칭찬을 하라. 외모나 다른 특징을 가지고 말하지 마라. 듣는 사람의 입장에서는 하나도 칭찬같이 들리지 않는다.

피부가 검은 나는 어릴 적부터 사람들이 나의 외모에 대해 하는 이야기를 많이 들었다. 피부가 검어서 어릴 적부터 피부 색깔과 관련된 별명이 많았다. 부정적인 별명을 듣는 것도 좋지 않지만 이와 관련해서 해주는 칭찬도 그리 썩 내키지 않는다. 칭찬을 받는 입장에서는 조롱이나 다른 의미로 들릴 수 있기 때문이다. 오랜만에 나를 만난 지인들은 나에 대한 칭찬으로 "피부가 많이 하얗게 되었네요."라는 말을 한다. 칭찬해주는 분의 의도는 기분을 좋게 해주려고 한 것이 분명하다. 하지만 나의 피부는 태어날 때부터 지금까지 크게 색깔이 변한 적이 없다. 그러니 이러한 칭찬은 그리 나에게 와닿지 않는다. 그러니 뚱뚱한 아이에게 공주 같네, 김태희 같네 하고 이야기를 하지 않는 것이 좋다. 칭찬을 받는 대상자는 자신이 잘한 것인지 칭찬을 받을 만한지를 알기 때문이다.

자존감의 향상을 위해서는 칭찬을 해주는 것이 매우 중요하다. 칭찬은 아이의 삶을 긍정적이고 보다 건설적으로 변화시킬 수 있기 때문이다. 그렇기에 부모가 아이에게 칭찬세례를 퍼부어주는 것이 필요하다. 칭찬을 할 때는 외모보다는 아이가 한 올바른 결과에 대한 평가를 해주어야 한다. 올바른 칭찬이 우리 아이들을 올곧게 자라게 해주기 때문이다.

우리 아이 칭찬 습관 기르는 법 5가지

1. 족집게 칭찬을 하라

칭찬을 할 때는 어떤 행동 때문에 칭찬을 받는 것인지 아이가 명확히 알도록 해야 한다. 아이가 어떤 행동을 하면 칭찬받는지를 알게 되므로 그러한 행동을 더 많이 하려고 노력하는 모습을 보인다.

2. 사소해 보이는 것까지 칭찬하라

공부, 옷맵시, 노래, 말하기 등 다양한 영역에서 칭찬거리를 찾아라.

3. 말로만 하는 칭찬은 가라

환한 미소, 따뜻한 눈빛, 쓰다듬기, 뽀뽀, 안아주기, 다독거리기 등이 뒤따르는 칭찬이 말로만 하는 칭찬보다 훨씬 효과적이다.

4. 나의 좋은 점 빙고게임을 하라

아이와 함께 '나의 좋은 점' 빙고게임을 해보자. 나라 이름, 가수 이름, 꽃 이름 등으로 하는 빙고게임과 같은 방법으로 진행하되, 주제를 '아이의 좋은 점'으로 해보는 것이다. 대부분의 아이들은 자신의 좋은 점을 25개까지 잘 적지 못한다. 엄마나 아빠가 먼저 아이의 좋은 점을 열심히 적어주자. 게임이라는 것을 강조하며 가볍게 진행하면 더 좋다.

– "우리 아이 칭찬 습관 기르는 법 5가지", 베이비뉴스(인터넷신문), 2016. 01. 11.

2

아이의 행동을 응원하고 격려를 보내라

'할 수 있다, 잘 될 것이다'라고 결심하라. 그러고 나서 방법을 찾아라.

– A. 링컨

과정의 변화를 격려하라

아이는 자신이 성취한 것에 만족감을 느끼면서 점차 올바른 방향으로 성장을 하게 된다. 아이의 곁에서 항상 힘을 내줄 수 있는 존재가 바로 부모이다. 부모는 아이의 작은 변화에도 응원을 해주고 용기를 북돋아주어야 한다. 3세 이상이 된 유아들은 특별한 경우를 제외하고는 아장아장 잘 걷는다. 3세가 넘은 아이들이 걷는 것을 보고 우리는 감탄하거나 놀라지 않는다. 하지만 돌이 갓 지난 아이를 바라보는 시선은 다르다. 돌을 전후로 우리 인간은 걷기 시작한다. 물론 이 시기에 여러 발자국을 잘 걷는 아이가 있는 반면에 한 발자국 내딛는 것도 어려워하는 아이도 있다. 아이들이 가지고 있는 신체적인 역량에 따라 걷는 수준의 차이가 나는 것이다. 모든 아이들은 점차 걷는 것에 익숙해지고 발전하게 된다. 한 걸음을 걷다가 두 걸음을 걸으며 이를 지켜보는 부모나 주변의 어른들은 매우 기뻐한다. 단순히 결과로서 두 발자국은 아주 미미할 수 있다. 결과를 중심으로 사안을 바라보면 칭찬을 할 수 없다.

한 발자국을 걷는 아이가 두 발자국을 걷고 세 발자국을 걸으면 걸어다니는 역량이 증가함을 격려할 수 있다. 부모는 작은 변화라도 긍정적인 방향으로 진행이 된다면 격려를 해주어야 한다. 이러한 부모의 반응은 아이가 어떤 측면에서는 으쓱해지면서 성공의 경험을 즐기게 된다.

한 걸음을 걷던 아이가 두 걸음, 세 걸음을 걷다가 넘어지면 주변의 사람들은 그 아이의 걷는 걸음 수의 증가에 아이를 진정으로 응원을 하고 격려를 보낸다. 작은 성공들의 연속은 매사에 많은 것들을 두려움이 아닌 도전의식으로 접근할 수 있다.

대학생 1학년 새내기들은 고등학교에서 공부하던 방식에서 대학교의 자율적으로 공부하는 방식에 적응하지 못하고 많이 어려워하는 경우가 있다. 특히 중간고사와 기말고사를 칠 때 객관식이 아닌 서술식 문항일 때 어려움을 겪고 적지 못하는 학생들이 가끔 있다. 연수는 학기 중에 아르바이트도 하고 남자친구와 연애를 시작한 새내기 여학생이었다. 중간고사 시험을 치는 동안 고민은 많이 했는데 거의 쓰지 못했다. 시험 시간을 마치면서 나에게 제출하는 시험지는 대학생이라고 말하기 민망할 정도로 백지에 가까웠다. 연수를 따로 불러 이렇게 쓰면 안 된다고 말하고 수업 시간마다 글 쓰는 것에 대해 살펴봐주고 조금이라도 나아진 점이 있으면 변화에 대해 격려를 많이 해주었다.

몇 달 지나지 않은 기말고사의 시험지는 중간고사 시험지와 비교해서 일취월장하였다. 그렇게 2학기가 지나고 2학년이 된 지금은 어느 대학생들과 똑같이 자신의 생각을 논리적으로 써 내려간다. 지속적인 관심과 격려는 유아가 아닌 대학생인 연수도 변화시키는 것이다. 부모나 영향력을 줄 수 있는 사람에게서 받는 격려는 무엇보다도 큰 힘이 되는 것이다.

나는 집의 아이들을 지도할 때 꼼꼼하게 처음부터 안내를 해주는 편이 아니다. 나이가 어리더라도 아이 스스로 선택을 하고 그것을 책임질 수 있도록 한다. 대부분 아이들이 좋아하는 것처럼 우리 집 아이들도 아이클레이를 이용해서 동물이나 사물 등을 만드는 것을 좋아한다. 그래서 한두 가지 아이클레이 색을 제공하기보다는 아이들이 편하게 자신들이 사용할 수 있도록 다양한 색깔로 준비를 해준다. 그렇다고 해서 낭비를 하도록 하지는 않는다. 처음에는 풍족하게 아이클레이를 가지고 단순한 도형의 형태를 만들었다. 나이가 어린 가윤이의 형태는 도저히 이해할 수 없는 형이상학적 모형이었다.

아이들이 자신이 만든 것을 우리 내외에게 보여주면 점차 나아지는 면에 초점을 두고 격려를 해준다.

"지난번보다 이런 점이 나아졌네."
"이번에 한 것이 더 정밀하게 보이네."

자신이 점차 만들면서 작품의 질이 나아지고 있음을 인식하게 해준다. 이렇게 해주면 자신감이 붙어 더 열심히 하고 점차 과감해지기 시작한다. 예를 들어 원하는 색깔의 아이클레이가 없을 경우에는 다른 색깔의 아이클레이끼리 혼합을 해서 원하는 색상을 만든다. 혹시 배합을 해야 할 색깔을 모를 경우에 질문을 하면 힌트를 주면서 색깔을 섞어보도록 한다. 한번 이러한 경험을 통해 원하는 색상을 얻게 되면 색상이 혹시 없을 때 투정을 부리거나 짜증을 내기보다 스스로 색깔을 만들려고 노력을 한다. 자신이 할 수 있다고 생각을 하고 이에 따라 자연스럽게 자존감도 높아지는 것이다.

잘 만들어진 결과물에 초점을 두고 칭찬을 하려고 하지 말고 스스로 점차 나아지는 변화를 중점으로 격려를 해주어야 한다. 부모의 격려는 아이클레이를 섞던 행위에서 물감을 섞게 되고 나아가서 이와 유사한 상황에 응용해 문제를 해결하려고 하는 것이다. 부모의 지속적인 격려의 결과가 문제 해결 능력까지도 증가시킨다.

아이라고 판단을 해서 부모가 모든 것을 해주려고 하지 않는 것이 좋다. 우리나라 부모들은 우리 자식만큼은 손끝에 물 묻히지 않고 아주 편안하게 살아가기를 원해서 모든 것을 다해 주려고 한다. 그래서인지 헬리콥터맘이 생겨나는지도 모른다.

아이를 늘 격려하라

선진교육기관 탐방으로 학생들을 데리고 일본의 야마나시 숲 유치원 핏코로를 방문한 적이 있다. 이 유치원은 우리나라에서 생각하는 숲 유치원과는 완전히 달랐다. 물리적인 시설뿐만 아니라 교육 과정도 한참 차이가 났다. 핏코로 유치원 원장은 자신들이 배출한 유치원 원아들은 어디를 가도 잘 해낼 수 있다고 하였다. 이 유치원의 교육 과정은 월요일부터 금요일까지 아이들이 찾아가는 장소가 다르고 그곳에서 아이들이 체험하는 것이 다른 것이었다. 우리가 찾아갔던 날은 유치원 앞에 있는 숲에 가는 날이었다.

교사들이 아이들에게 자기주도권을 주고 할 수 있다는 격려와 응원을 늘 해주었다. 그래서인지 유치원 바로 앞에 있는 도로 건너에 있는 숲을 가기 위해서 2인 1조가 되어 아이들 스스로 좌우를 살피고 길을 건넜다. 교사들은 주변에서 아이들이 길을 건너는 모습을 지켜보고 있었다. 나는 물었다.

"차들이 다니는데 너무 위험하지 않나요?"

"다닌 지 2년이 넘은 아이들이 올해 들어온 아이들을 데리고 길을 건너기 때문에 위험하지 않습니다."

그리고 스스로 알아서 잘 한다고 하였다. 실제로 조마조마한 마음을 가지고 옆에서 지켜보았는데 좌우를 살피고 총총 걸음으로 재빨리 모두들 잘 건넜다. 핏코로 유치원 원장은 아이들을 믿어야 한다고 이야기를 하면서 아이들이 잘한 행동을 격려해주면 더욱더 잘할 수 있다고 했다.

숲에 도착한 뒤 교사들은 아이들이 숲에서 자유롭게 노는 것을 길 건너는 것처럼 지켜보았다. 나뭇가지를 주워서 계곡물을 치는 아이, 도토리를 줍는 아이 등 너무나 익숙하게 숲에서 편안하게 시간을 보냈다. 그러다가 3세 된 여자아이의 장화가 물이 흐르는 곳에 빠져 발이 젖었다. 이때 교사들이 와서 아이를 도와주지 않고 또 다시 지켜보는 것이었다. 아이는 잠깐 울려고 하다가 눈치를 보고 나무 그루터기에 걸터앉았다. 장화를 벗고 혼자서 물을 빼기 시작하는 것이다. 이것을 지켜보고 있던 언니, 오빠들이 장화의 물을 털고 마른 나뭇잎들을 장화에 집어넣어 물기를 제거하였다. 교사들은 이러한 행동을 응원하고 무언의 격려의 눈빛을 보냈다. 어른들의 도움 없이 아이들이 스스로 문제를 해결한 것이었다.

우리 부모들이 아이들을 믿고 지켜봐주면 아이들은 자신의 능력을 충분히 발휘하여 문제를 해결할 수 있다. 이 과정에서 아이에게 윤활유가 되는 것은 바로 지속적인 격려인 것이다. 작은 성공 경험과 이와 함께 따라오는 격려는 아이의 자존감을 높여준다는 것을 잊지 말아야 할 것이다.

아이의 자존감을 길러주는 칭찬과 격려 4단계

1단계 : 부모 스스로 칭찬하고 격려하라.

부모 스스로 자신의 장점을 찾아 칭찬하는 것만으로도 유아에게 좋은 모델링이 된다. 아이 앞에서 스스로 또는 배우자의 작은 장점이라도 칭찬해보자. 어색하지만 훈훈한 가정 분위기를 만드는 데도 효과 만점이다.

"아빠가 된장찌개를 만들었는데, 어때 훌륭하지?"

"엄마가 ○○이를 위해 장난감을 만들었어. 대단하지? ○○이가 엄마가 만든 장난감으로 재미있게 놀았으면 좋겠어."

'나의 일거수일투족을 아이가 따라 배운다.'고 생각하고 부모 스스로 존중하는 모습을 보여주려 노력해야 한다.

2단계 : 아이의 말과 행동을 구체적으로 칭찬하라.

아이를 잘 아는 부모는 칭찬할 거리도 많다. 외모, 감정, 생각, 성취, 개인적 특성 등 아이에 관한 무엇이든 부모는 칭찬과 격려할 수 있다.

유아가 어떤 일을 훌륭하게 해냈을 경우에도, 그렇지 못했을 때도 노력한 점에 대해 칭찬하면 된다. 다만, 칭찬의 내용이 특징적이고 구체적이어야 한다. 모든 상황에서 "착하네.", "잘하네."라고 칭찬하기보다는, 세심한 관찰에서 우러나오는 진심 어린 칭찬이 아이의 마음을 뛰게 만든다. "종이컵으로 성을 쌓을 생각을 하다니 멋지다!"처럼 아이의 구체적인 행위를 언급하며 격려할 때, 아이의 자존감은 쑥쑥 자라난다.

3단계: 아이가 스스로 칭찬할 수 있는 기회를 마련해주어라.

긍정적인 자아를 가진 사람들의 공통된 특징은 스스로를 칭찬할 줄 아는 것이다. 아이 스스로 자신의 생각과 행동을 칭찬하고 격려하도록 유도하자. 그러나 이 단계가 순조롭게 이뤄지기 위해선 반드시 1단계 '부모 스스로 칭찬하고 격려한다'가 바탕이 돼야 한다. 부모는 매번 불평불만을 하면서 아이에게만 스스로를 존중하고 긍정적인 생각을 갖길 강요할 순 없기 때문이다. 한편, 말은 사고와 연결돼 있어서 스스로 칭찬하는 말을 자주 연습하면 자연스레 자존감도 커간다.

4단계: 아이가 친구를 칭찬하며 좋은 관계를 형성하도록 가르쳐라.

스스로를 칭찬하면서 자존감을 기르는 것도 중요하지만 타인을 존중하는 자세는 사회의 일원으로서 꼭 갖춰야 할 덕목이다. 다른 사람을 칭찬하는 일도 스스로에게 하는 것과 마찬가지로 익숙해지기까진 연습이 필요하다. 유치원, 어린이집에서 돌아온 아이에게 친구들의 좋은 점에 관해 이야기할 수 있는 시간을 마련해주자. "오늘 유치원에서 ㅇㅇ이랑 놀았니? ㅇㅇ이는 어떤 아이야?" 만약, 아이가 ㅇㅇ이에 관해 불평을 한다면 우선 아이의 속상한 감정에 공감해주되, "그런데 함께 놀면서 ㅇㅇ이의 좋은 점은 없었니?" 등의 질문으로 친구의 단점보다 장점을 볼 수 있도록 유도한다.

– "아이의 자존감을 길러주는 칭찬과 격려 4단계", 한국경제(인터넷신문). 2015. 01. 12.

3

아이의 자존감은 부모의 자존감을 닮는다

자녀 교육의 핵심은 지식을 넓히는 것이 아니라 자존감을 높이는 데 있다.

– 톨스토이

부모의 말이 아이를 변화시킨다

엄마로서 자신이 무엇을 할 수 있는지를 살펴보아야 한다. 엄마인 내가 할 수 없다는 생각으로 가득 차 있다면 그러한 모습을 보고 자란 아이도 할 수 없다는 생각이 주류를 이룰 것이다. 엄마의 모습이 바로 아이의 모습인 것이라 할 수 있다. 여러 가지 상담 중에서 학업 상담을 할 때가 있다. 부모의 입장에서 아이가 공부를 하지 않는 것은 너무나 속상하고 답답한 노릇이다. 상담 도중에 드는 의문은 과연 저렇게 아이를 쪼아대는 부모는 '학창 시절에 공부를 얼마나 잘 하였는가?' 하는 생각이 든다. 가끔씩은 지나가는 농담조로 질문한다.

"이 아이가 누구의 아이인가요?"

"어머니는 잘 하셨는지요?"

대부분의 엄마들은 답을 잘 하지 못하는데 그 중에서 소수의 엄마는 "저는 우리 아이보다는 잘 했어요."라는 말을 한다. 물론 틀린 답이 아니고 학업적으로 뛰어난 부모들도 있다. 그러나 공부에 크게 흥미를 가지지 못한 부모들도 아이에게만은 공부를 강요한다는 것이다. 유전적인 측면을 감안하지 않을 수 없는데 말이다.

부모가 자신에 대한 믿음이나 신뢰가 높다면 자녀도 당연히 자신에 대한 신뢰가 높다. 앞에서도 언급했듯이 자신에 대한 신뢰는 자신에 대한 존중감과 직결되어 있다. 자존감의 향상은 계획한 것에 대한 성취 결과이다. 엄마가 아이에게만 무엇인가를 하도록 요구하지 말고 아이와 함께 엄마가 할 수 있는 것을 보여주어야 한다. 엄마도 작은 것을 성취해야만 보람이 생기고 자존감이 향상된다.

너무 거창한 것을 하려고 노력하지 않는 것이 좋다. 아이와 약속을 하여 아이와 함께 동화책을 하루에 1권씩 읽는 것도 좋다. 자신과의 약속을 지키는 것이며 아이와의 관계도 좋아질 것이다. 꼭 동화책이 아니더라도 자신이 읽고 싶은 책 10페이지 정도라도 읽고 아이에게 소감을 말하면 좋다. 부모로서 자신과의 약속을 지켰다는 것을 알리는 것이다. 아이는 부모가 공허한 말이 아닌 약속을 지키는 것을 알고 부모를 존중하게 된다. 부모의 작은 성공은 부모에게 조금씩 증가되는 자존감과 함께 아이에게 보이지 않는 자존감 향상에 영향을 미치게 된다. 부모의 성취하는 모습을 보이는 것이 중요한 것이다. 작은 것부터 시작을 하자.

하루를 시작할 때 어떻게 시작을 하는가? 아! 오늘도 너무도 힘든 하루가 시작되었는가? 아니면 기분 좋은 하루 즉, 선물(현재의 영어, present)이 선사되었다고 생각을 하는가? 거울을 바라보면서 자신을 향한 긍정적인 한마디를 하자. "나는 선택받았고 나라면 할 수 있어."라고 부모인 자신에게 긍정적인 문장으로 인사를 하자. 나에게 긍정적인 말을 할 수 있다면 아이들에게도 긍정적인 말을 할 수 있다. 아이들에게 잘못된 말을 하고 부정적인 언어를 뿜어낸다면 나는 그러한 아이의 부모인 것뿐이다. 아이의 강점과 장점을 바라보고 이야기를 한다면 부모는 강점과 장점을 가진 아이의 부모가 되는 것이다. 부모가 자존감이 높으면 아이에게도 자존감을 향상시킬 말을 하게 되는 것이다. 아이의 긍정적인 성장을 원한다면 부모로서 아이를 믿고 신뢰하고 자신이 할 수 있는 최상의 축복의 말을 해주는 것이 좋다.

"네가 태어나 주어서 고마워."
"너는 자신이 원하는 것을 이끌어낼 힘이 있어."

"하늘에서 나에게 너와 같은 귀한 선물을 주어서 고마워."

아이가 자존감이 향상될 수 있는 모든 멋진 말을 해주면 아이는 자연스럽게 그렇게 변하게 된다. 부모가 아이에게 계속해서,

"에이구, 너는 안 돼."
"니가 하는 것이 그렇지 뭐."
"너는 어쩌면 할 수 있는 것이 없냐."

아이는 자존감이 낮아지고 자연스럽게 부정적으로 될 것이다. 부모 특히 엄마의 말 한마디가 아이의 인생을 변화시킬 수 있다. 또한 지속적인 믿음이 필요하다.

모든 아이는 성공할 능력을 타고 났다

상담학자 중에서 인간중심주의를 강조한 칼 로저스가 있다. 로저스의 기본 가정은 사람은 본질적으로 자아 본성을 타고 나서 스스로 자신의 문제를 해결하고 자아실현을 할 수 있다는 것이다. 이때 주변의 사람들이 무조건적으로 존중과 신뢰를 해주면 스스로 자신의 문제를 인식하고 해결할 수 있다.

농부가 해바라기씨를 땅에 심을 때는 분명하게 노란색의 태양과 같이

큰 꽃을 가진 해바라기로 자라날 것을 생각하고 심는다. 즉 눈에는 보이지 않지만 씨 안에 이미 해바라기라는 본성이 심어져 있는 것이다. 씨앗을 땅에 심고 적절한 수분, 영양, 햇빛 등이 주어진다면 농부가 곁에서 "빨리 자라라, 빨리 자라라."라고 계속 말하거나 확인을 하지 않아도 자연스럽게 성장을 할 것이다. 농부가 해바라기 씨앗의 본성을 믿고 성장에 적합한 믿음을 가지고 기다려준다면 가을에는 커다란 해바라기를 볼 수 있는 것이다.

우리 아이들도 태어날 때부터 자신이 할 수 있는 능력을 충분히 가지고 있다. 하지만 부모의 불안 때문에 아이들은 자신들이 가지고 있는 본성을 펼치지 못하고 이리저리 흔들리게 되는 것이다. 부모는 아이의 본질을 보아야지 주변의 것만 보고 육아를 하면 아이는 통합적인 인간으로서 자라나기가 어렵다.

부모도 아이가 잠재력을 가진 것을 확신하고 잠재력이 발현할 때까지 기다려주고 인정해주는 것이 필요하다. 부모가 자신에 대한 굳건한 믿음과 확신이 있다면 자녀에 대한 믿음도 크게 흔들리지 않는다. 자신이 할 수 있다는 자신감이 높으면 아이도 할 수 있다는 것을 믿기 때문이다.

부모의 자존감이나 행복감이 자녀의 양육에 있어서 필요한가? 아이의 자존감 향상에 영향을 미치는가? 당연히 상당한 관련이 있다. 니컬러스

크리스태키스와 제임스 파울러의 『행복은 전염된다』라는 책에서는 우리 주변의 중요한 사람이 얼마나 많은 영향을 끼치는지를 알 수 있다. 감정은 전이가 된다는 것이다. 우리가 느끼는 감정이 단순하게 나에게 직접적으로 접하는 사람뿐만 아니라 그와 관련된 사람들에게도 영향을 미친다고 한다. 행복한 사람은 그 친구에게 16% 정도의 행복감을 증가시켜주고, 그 친구의 친구에게는 10%, 그 친구의 친구의 친구에게도 6%의 행복감을 증진시킨다.

부모가 행복하면 아이가 직접적으로 행복해질 확률이 높아지고 그 주변의 사람들의 행복감도 높아진다. 이로 인해 다시 자신의 행복감도 더 높아지게 된다. 이러한 원리를 자존감에 적용시켜 본다면 자존감이 높은 부모는 아이에게 높은 자존감을 갖게 할 것이고 주변의 사람들의 자존감도 높여줄 것이다. 즉, 행복한 사람의 주변에는 행복한 사람들로 구성되고 불행한 사람들의 주변에는 불행한 사람들로 이루어진다. 자존감이 낮고 불행한 부모의 마음은 바로 자녀들에게 부정적인 영향을 미칠 수 있기 때문이다.

무엇보다도 부모의 자존감 향상을 위하여 스스로 노력하는 것이 필요하다. 부모 또한 자신이 계획한 작은 것부터 실천하여 자신감과 자존감 향상을 도모해야 한다. 부모의 세계관, 가치관, 자존감이 넓고 높아지면 자연스럽게 아이들의 세계관, 가치관, 자존감도 커지게 된다. 그러면 육아에 있어서도 부모는 다른 사람이 어떤 명품 유모차, 장난감을 가졌는지에 대해 주눅이 들지 않게 된다. 아이는 부모의 높은 자존감을 먹고 건강하게 자랄 수 있다.

부모의 자존감을 높이는 방법

1. 내 아이의 양육에 자신감 갖기

양육 자존감 올리기 TIP

– 아이의 양육과 관련된 작은 문제부터 스스로 결정 내리기

(예: 오늘은 이 옷을 입혀줘야지, 오늘 점심에는 갈치를 구워줘야지)

– 스스로 내린 결정이 얼마나 잘한 결정인지 스스로 감탄하기

(예: 이렇게 잘 어울리는구나!, 이렇게 잘 먹는구나!)

2. 비교하지 않기

양육 자존감 올리기 TIP

– 누구나 아이에게 최고를 선물해주고 싶어 한다. 하지만 현실은 그렇지 않다. 이 글을 읽고 있는 여러분은 어떤가? 항상 최고의 조건에서 성장하지는 않았지만 이만하면 꽤 괜찮은 어른으로 크지 않았는가? 옆집 누구의 무엇과도 비교하지 마라. 자신만의 기준과 목표를 가지고 한걸음 떨어져 아이가 한 단계씩 성장하는 것을 옆에서 지켜보라.

3. 스스로 위로하기

양육 자존감 올리기 TIP

– 평소 스스로에게 '나는 이만하면 괜찮은 부모야.', '우리 아이는 나 같은 부모 만난 게 정말 행운이야.'라고 이야기해보자. 처음에는 굉장히 민망하고 낯간지러운 것 같지만 이런 과정들이 부모의 양육 자존감을 높이는 데 큰 도움이 된다.

– "부모의 자존감 높이는 5가지 방법", 정신의학신문(인터넷신문). 2018. 08. 31.

4

목표를 받아들이고 실천할 수 있게 하라

스스로 알을 깨면 한 마리의 병아리가 되지만 남이 깨주면 계란후라이가 된다.

– J. 허슬러

도달 가능한 목표를 정하라

아이들도 자신이 계획한 것에 도달하고 성취를 하게 되면 상당한 자신감과 함께 도전의식의 확장을 가진다. 목표의 설정에 있어서 너무 과도하게 높게 잡아도, 너무 낮게 잡아도 목표에 도전할 의욕을 반감시킨다. 목표는 자신이 노력을 하면 도달할 수 있을 만큼의 능력보다 약간 상회하는 것이 좋다. 게임을 생각해보면 쉽게 알 수 있다. 많은 아이들부터 성인들까지 게임에 빠져서 중독이 되거나 많은 시간을 허비한다. 짧게는 하루에 1시간에서 많게는 하루에 10시간 이상의 시간을 게임을 하는 데 할애한다. 사람들은 왜 게임에 빠지는 것일까? 한결같은 대답은 재미가 있기 때문이라고 한다. 재미가 있기 때문에 멈출 수가 없고 계속해서 하게 된다는 것이다. 게임 대부분의 구성에서 1단계는 단순하고 흥미를 가지게 하는 수준을 유지한다. 점차 난이도를 높여가면서 이와 함께 레벨도 상승시켜준다. 능력치의 상승은 게임을 하는 사람들에게 성취감을 가지게 해준다. 게다가 레벨 상승에 따른 아이템 등도 보상으로 주어지게 된다. 조금씩 어려워지는 난이도, 적절한 보상으로 인해 즐거움이 가중되고 게임에 매혹되는 것이다.

아이들도 자신이 정한 목표가 있고 그 목표가 고정되고 지속되는 것이 아니라 목표에 도달이 되면 또 다른 목표를 제시하고 목표 도달에 따른 적절한 보상을 해주는 것이 좋다. 목표는 스스로 정할 수도 있고 외부에서 주어질 수도 있다. 둘째 아이가 다니는 토리 유치원은 매달 마지막 주 금요일에 독서 시상식을 한다. 독서 시상식에서 상을 받으면 유치원에서 준비한 선물을 선택해서 받을 수 있다. 이에 아이들이 기대를 많이 하는 행사이기도 하다.

개원을 하고 원장님은 의욕을 가지고 90권을 읽은 아이들에게 독서상을 주었다. 90권이면 한 달이 30일이기에 최소 하루에 3권을 읽어야 했다. 하루라도 읽지 못하면 5-6권을 읽어야 독서상을 받을 수 있었다. 독서 시상날에 독서상을 받는 원아의 수가 그리 많지 않았다. 얼마 지나지 않아 60권으로 목표 독서량이 조정되었다. 독서 시상을 받는 원아의 수를 살펴보니 이전보다는 증가했지만 아직 그리 많지 않았다. 또 몇 달이 지나고 나서 50권으로 10권이 줄었다. 하루에 2권 정도를 읽는 것이어서 재원생들의 절반 이상이 상을 받았다. 50권이 되고 난 뒤로는 계속해서 50권을 유지하고 있다.

원장님이 90권으로 정했을 때는 학부모가 유아들에게 책을 많이 읽어주기를 바라서일 것이다. 하지만 많은 부모들은 직장 생활을 하고 난 뒤 아이에게 책을 3권 정도 읽어주는 것이 쉽지 않았을 것이다. 우리도 아이에게 독서상을 받게 하기 위해서 잠자기 전에 책을 읽어주었다. 그러다가 사정이 있어서 읽어주지 못한 날이 며칠 있으면 하루에 읽어야 하는 독서량이 증가하게 되었다. 아이에게 독서의 즐거움을 심어주기보다는 어느 순간부터는 90권을 읽어주어야 한다는 의무가 생겨 원래 독서를 하는 취지가 퇴색되고 읽어주는 데 급급하였다.

아무리 의도가 좋더라도 목표가 너무 높으면 시도를 하다가 그만둘 경우가 많고 어떤 경우에는 시도조차 하지 않게 된다. 그러니 목표를 설정함에 있어서 너무 어렵지도 너무 쉽지도 않는 도전감이 느껴질 만큼의 수준으로 정해야 한다. 지금 토리 유치원에서 제시한 50권은 적은 양은 아니지만 꾸준히 할 수 있는 수준이라 매달 우리 아이는 독서상을 받고 있다.

외부에서 정해진 목표를 도달하는 것도 있지만 자신이 정하는 목표가 있을 수도 있다. 아무리 재미있는 놀이라도 남이 억지로 시켜서 하게 되면 그 일에 대한 즐거움이나 흥미도가 낮아지게 된다. 스스로 계획하고 할 수 있도록 해주는 것이 중요하다.

내적 동기가 필요하다

어느 마을에 동네 아이들 4-5명이 매일 낮에 벽에다 축구공을 차면서 놀았다. 아이들은 신이 나서 축구공을 벽에 찼기에 그 소리가 매우 컸다. 담벼락의 집주인 노인은 아이들에게 시끄러우니 다른 곳에서 놀 것을 요청하였다. 하지만 그 집의 벽만큼 공을 차기 좋은 곳이 없기에 노인이 이야기할 때 잠시만 피해 있다가 다시 축구공을 찼다. 노인은 곰곰이 생각을 하다가 아이들에게 부탁을 했다.

"너희들이 즐겁게 공을 차는 것을 보니 기분이 좋아진다. 그러니 매일 2시간씩 와서 축구공을 차주렴. 그러면 너희들 각자에게 2,000원씩 주도록 할게."

아이들은 이 제안에 동의를 하고 매일 와서 2시간씩 축구공을 찼다. 약 2달이 지나고 노인은 아이들에게 물었다.

"내가 돈이 없어 그러니, 이제부터 500원씩 주려고 한다. 계속해서 차

줄 수 있겠니?"

아이들은 싫다고 하면서 더 이상 축구공을 차러 오지 않았다.

아이들은 어떠한 보상이 없더라도 자신이 즐거우면 그 일을 하게 된다. 보상이 주어지게 되면 더욱더 열심히 하게 될 것이다. 그러나 놀이가 어떤 대가를 지급받는 일이 된다면 즐거움이 많이 상쇄된다. 내면에 있는 자발적인 동기화가 점차 줄어들게 되는 것이다. 같은 행위를 하더라도 즐거움을 느끼는 강도가 다를 수 있는 것이다. 담벼락에 축구공을 차는 것이 즐거운 놀이가 아니라 2,000원을 받기 위한 2시간의 노동이 되면 놀이의 개념은 사라진다. 게다가 2,000원이 5백 원으로 줄어들면 그 일을 해야 하는 이유가 더 사라지게 된다. 돈이 주어지지 않아도 스스로 놀이로서 내적인 만족을 가지면서 차던 행위가 더 이상하고 싶지 않게 되는 것이다.

일상 속에서 다양한 삶을 영위하면서 하고 싶은 일에 대한 목표는 자신이 정하는 것이 좋다. 자신에게 맞는 목표를 정하고 이를 성취하도록 하면 외부에서 주어진 것을 도달하는 것보다는 훨씬 효과가 있다. 부모들은 아이들이 정한 목표가 있으면 받아들여주는 것이 좋다. 일방적으로 아이가 정하고 무조건 받아들이라는 것은 아니다. 아이가 제시한 내용에 대해 타당성과 합리성을 고려해서 목표를 받아들이고 성취하도록 격려와 때로는 적절한 보상을 주면 된다.

우리는 큰딸에게 매달 혹은 매주의 시작이 되면 하고 싶은 것을 물어보고 할 수 있는 것과 할 수 없는 것을 체크한다. 그러면 아이는 자신의 달력에다가 자신의 목표와 스케줄을 적어둔다. 자연스럽게 목표를 설정하게 되는 것이다. 목표 중에는 단기적인 목표와 장기적인 목표로 나눌 수 있다. 예를 들면 목표 설정을 위해 서로 합의를 한다. 유치원에서는 독서를 하면 독서시상식을 통해 상을 준다. 그러나 초등학교에 진학하고 난 뒤 큰딸 학교에는 독서상이 없다. 아이와 함께 의논해서 우리 집 자체만의 독서상을 만들었다. 한 달에 한 번 주는 것이 아니라 권수를 정해서 목표치에 도달을 하면 원하는 상품을 사주는 것으로 하였다. 독서 목표량은 720권으로 하였다. 이것은 유치원에서 한 달 60권씩 읽어 12달이면 720권을 읽는 것과 같은 수치다. 그리고 차이점은 얇은 우리말 책은 1권, 두꺼운 우리말 책은 3권, 동생에게 책을 읽어 주면 2권, 영어책은 2권 등 책의 두께나 내용의 난이도, 읽는 방식에 따라 1권이라도 다르게 권수를 책정하였다. 부모의 입장에서 일방적으로 정한 것이 아니라 아이와 함께 상의를 통해 조정을 하였다. 처음에 720권에 동의를 했지만 권수가 빨리 줄지 않는 것을 느껴 합의하에 600권으로 120권을 줄였다. 600권을 읽고 나면 아이에게 주어지는 보상은 3만 원 이하의 자신이 원하는 물품이었다.

물질적인 보상을 주는 것이 나쁘다고 하는 사람도 있다. 하지만 개인적인 견해로는 어떤 경우에는 자신의 성취한 바를 지켜볼 수 있는 물질적 보상도 필요하다고 생각한다. 덕분에 아이는 자연스럽게 시간이 있으면 책을 읽게 되는 습관을 가지게 되었다. 책을 읽고 난 뒤에 권수를 확인하고 자신이 무엇을 가지고 싶은지에 대해서도 부푼 마음을 가지고 기대를 한다.

아이의 자존감을 높이도록 하기 위해서는 목표를 지시하거나 일방적으로 정하지 말고 아이가 스스로 정하도록 하라. 아이가 크게 잘못된 방향으로 목표를 설정하지 않았다면 그대로 받아주면 좋겠다. 아이는 자신이 세운 목표에 대해 부모로부터 인정을 받게 되어 뿌듯해한다. 목표의 설정뿐만 아니라 설정된 목표를 실천하고 도달될 수 있도록 부모는 아이를 지지만 해주면 된다.

자녀가 목표 설정 시 부모가 고려해야 할 점

1. 자녀가 그 활동을 즐겁게 할 수 있어야 한다

즐거움은 어떤 활동을 시작할 때 가장 자극적인 동기가 된다. 만일 자녀가 활동을 즐기면서 한다면 계속 참여할 것인지 걱정하지 않아도 된다.

2. 약속을 지키도록 해야 한다

자녀가 어떤 활동을 선택하면 정해진 기간 동안 성실히 참여하도록 이끌어주어야 한다. 이 목표는 자녀에게 인내와 끈기의 가치를 가르쳐준다.

3. 최선을 다하도록 가르쳐야 한다

자녀가 배울 수 있는 가장 중요한 교훈은 노력의 가치이다. 노력은 자녀의 의지로 통제할 수 있는 부분이다(반면 재능은 자녀 마음대로 할 수 없다). 성취 활동의 시작 단계에서는 결과에 기초한 목표 설정은 피하도록 해야 한다. 결과보다는 노력의 중요성을 강조해서 노력하면 무슨 일이든 할 수 있다는 것을 배우도록 해야 한다.

– "자녀가 목표 설정시 부모가 고려해야 할 점", 서대문신문(인터넷신문). 2016. 03. 16.

5

신뢰할 수 있는 도전 환경을 만들어라

어제와 똑같이 살면서 다른 미래를 기대하는 것은 정신병 초기 증세다.

– 아인슈타인

성취 가능한 환경을 구성해주라

어느 집안에서 자라났느냐에 따라 사람이 하는 행동에 많은 차이가 있다. 부모님의 양육 유형이나 분위기에 따라 아이가 자신을 표현하는 운신의 폭에 차이가 있다. 나의 부모님 중 아버지는 8남매의 장남, 어머니는 6남매의 장녀이다. 장남, 장녀로서 그 당시에 집안의 일을 도우셔야 했기에 최종학력이 초등학교 졸업이다. 부모님이 우리 형제를 키울 때 학력이 낮아 잘 알지 못해 잘 지원하지 못한다고 늘 미안해하셨다. 특히 어머니는 친하신 분이 중학교를 졸업하여 영어를 읽을 수 있다는 것을 많이 부러워하셨다. 본인은 꼬부랑글씨는 까막눈이라시며…….

그래서인지 우리 형제가 도움이 필요하다고 생각하시면 억척같이 해주시려고 노력을 많이 하셨다. 경제적인 형편이 넉넉지 않아 경제적으로 소요되는 것은 한계가 있었지만 심적으로는 아낌없이 지원해주셨다. 우리 형제가 성적이 잘 나오지 않아도 다음에 잘하면 된다고 하시면서 끊임없이 격려하고 지지해주셨다. 공부를 하라고 하는 강압적인 분위기가 아닌 자율적인 분위기를 만들어주셨다. 우리 형제가 알아서 잘 했으면 더 좋았을 것인데 그 당시 부모님의 마음을 잘 알지 못하여 학업에 매진하진 않았다. 학업에 대한 작은 성취를 얻고 그랬다면 신바람이 나서 더욱 열심히 했을 것이다.

부모가 교육심리학자인 비고스키의 비계설정을 알고 도와준다면 성공의 경험을 더욱 가질 수 있다. 비계설정(Scaffolding)의 사전적 의미는 '건물을 건축하거나 수리할 때 인부들이 건축 재료를 운반하며 오르내릴 수 있도록 건물 주변에 세우는 장대와 두꺼운 판자로 된 발판을 세우는 것'이다. 성인이 아동과의 상호작용 중 도움을 적절히 조절하며 제공하는 것을 의미한다. 다시 말해 상호작용하는 상대방의 능력에 맞추어서 상대방이 과제를 수행하는 데 필요한 도움을 조절함으로써 상대의 학습에 기여하는 것이다. 아동이 궁극적으로 그들 스스로의 힘으로 문제를 해결할 수 있도록 하는 견고한 이해를 확립하는 동안에 제공되는 조력을 의미한다.

부모가 아이의 능력을 파악하고 적재적소에 맞는 도움을 줄 수 있다면 아이는 성취의 경험을 가질 수 있다. 성취의 경험과 함께 같은 수준의 학업이나 행위에 도전하는 것이 아니라 좀 더 높은 수준에 도전하게 되어 긍정적인 몰입 현상을 가져온다. 몰입을 통해 즐거움을 알고 성취감을 얻고 다시 도전하게 되는 선순환 고리를 만든다. 부모의 실패를 용인할 수 있는 허용적인 분위기와 도전감을 가지게 할 수 있는 조력을 줄 수 있는 환경이 되면 아이의 자존감은 자연스럽게 증가될 것이다.

아이들은 외부에서 보면 나름 잘했다고 생각을 하는데 본인이 만족을 하지 못해 다음에는 하지 않으려는 경우가 있다. 나는 상담자로서 내담자를 대상으로 미술치료를 한다. 미술치료 수련 과정에서 내 개인적으로 많이 힘들었던 것 중에 하나가 그림을 잘 그리지 못하는데 그림을 그리거나 표현을 해야 하는 것이었다. 다른 많은 수련생들은 나름 멋지게 그리는데 나의 그림은 왠지 초라하고 나의 마음을 표현하지 못한 것처럼 보였다. 물론 지금은 이런 마음 자체가 어떤 문제를 갖고 있는지 알지만 지금도 그림을 그리는 것이 어렵다.

나는 유아, 아동 내담자와 상담을 할 때 미술치료를 자주 활용한다. 그런 경우 대부분의 아이들은 무엇인가 하는 활동을 좋아하기 때문에 적극적으로 참여를 한다. 일부 아이들은 내가 경험한 것과 같이 그림을 그리는 데 어려움을 느껴 그림을 그리지 않는다. 그리지 않는 이유는 단순하게 그림을 잘 그리지 못하기 때문이라고 말한다. 집단 상담이 아닌 개인 상담인 경우에도 자신이 한 작품에 대해 자긍심을 가질 수 없다는 것이다. 미술치료를 고집하게 되면 아이는 상담에 대해 어려움을 느끼고 잘 하지 못하는 것을 함으로써 자존감은 더욱 낮아지는 것이다. 그래서 아이들과의 상담에서 미술치료와 함께 푸드치료를 접목하게 되었다. 다양한 방식으로 접근을 할 수 있으나 기본적으로 어떤 쟁반, 과자, 채소 등을 준비하느냐에 따라서 표현의 모습이 확 달라진다. 미술치료의 인물화 그리기를 한다면 A4용지에 4B연필을 가지고 그려야 하기 때문에 그림 실력에 대해 부담감을 가진다. 그러나 푸드표현예술치료에서는 자신이 원하는 쟁반을 선택하고 아이들의 경우에는 과자로 상담의 주제에 맞게 표현을 하라고 하면 잠깐은 주저하지만 금방 마무리를 한다. 가장 큰 장점은 예쁜 쟁반과 색깔, 모양이 다양한 과자로 표현하였기에 누가 보아도 나름 작품처럼 보인다. 스스로가 한 작품에 대해 자신감을 가지고 뿌듯해하는 것이다.

자신을 표현하는 재료를 바꾸기만 했을 뿐인데 아이는 작품을 완성하고 자신에 대한 자긍심을 가지게 된다.

'나는 할 수 있다.'

'나도 생각보다 잘하는데.'

'이것 재미있는데. 또 하고 싶다.'

이런 생각을 가지면서 연속적으로 자신에 대한 인식의 전환을 주는 것이다.

부모의 입장에서 아무리 유용한 것이라도 아이가 싫어하는 것을 계속 강요하고 요구하는 것은 옳지 않다. 아이가 스스로 만족감을 느끼고 도전을 할 수 있는 환경을 만들면 조심스럽게 참여를 하고 성취감을 느껴 도전을 할 것이다. 어느 상담의 기법이 좋고 나쁘고를 이야기하려는 것이 아니라 아이가 자존감을 향상시킬 수 있는 최적의 환경을 제공해주자는 말이다.

믿음의 환경을 제공하라

부모들은 자신의 자녀들이 다른 아이들보다 뛰어나기를 원한다. 그래서인지 요즘 유치원, 초등학생들까지도 사교육을 받는다고 무척이나 바쁘다. 사실 요즘만 바쁜 것이 아니라 예전에도 바빴다고 생각한다. 내가 대학 다닐 때 과제로 초등학생들이 정규 과정을 제외하고 사교육을 받는 것에 대해 조사하고 발표한 적이 있다. 내가 조사한 초등학교는 대학 부속초등학교라 일반초등학교보다 부모들의 관심에 있어서 차이가 있었다. 내가 조사했던 항목이 다니는 학원, 학습지, 방문 교육 등을 다 포함

하는 사교육의 개수였다. 그 당시 평균이 13개였고 가장 적게 다니는 아이가 8개, 가장 많이 다니는 아이는 20개였다. 조사를 하면서 든 생각은 '언제 이 많은 것을 하지?', '시간이 되나?'였다. 이 많은 사교육을 받고 있는 아이들 자체도 대단하게 보였다.

지금의 아이들도 별 차이가 없어 보인다. 요즘은 초등학교 교육 과정에 생존 수영, 스케이트, 스키 등이 포함되면서 이 내용에 대해서도 별도의 사교육이 있을 정도이니 이전보다 더 세분화되었다고 볼 수 있다. 이 많은 것을 소화해내는 아이들은 행복하고 자존감이 높을까? 지금 우리 아이들이 다니는 학원들 중에 아이들이 진정으로 원하는 것은 얼마나 될까? 단지 부모의 입장에서 미래의 아이를 위한다는 미명하에서 현재 아이로서 누려야 하는 진정한 시간을 소모하는 것은 아닐까?

부모의 입장에서는 많은 것을 시키는 것도 중요하겠지만 아이가 즐기고 좋아하는 일을 하도록 해주는 것이 중요하다. 편안한 환경을 만들어 주는 것이다. 우리나라에서 에디슨이 태어나서 계란을 부화시키겠다고 품고 있다면 우리는 어떻게 에디슨을 대했을까? ADHD로 진단하고 청각 장애가 있었기에 장애아동으로 낙인을 찍었을 확률이 높다. 에디슨의 엄마가 현재 우리가 한 것처럼 아이를 대했다면 발명 천재 토마스 에디슨을 알지도 못했을 것이다. 무엇보다도 지금 우리가 누리고 있는 편의 시설들인 영화, 세탁기, 냉장고, 전자렌지, 전구 등을 보지 못했거나 나중에 알게 되었을 것이다.

부모의 입장에서는 아이들이 실패를 해도 괜찮은 환경을 만들어주고 아이들이 도전할 수 있도록 해주어야 한다. 한국의 시스템은 한 번 실패를 하면 다시는 일어설 수 없다고 하며 부모들은 아이들의 미래를 위해 실패를 허용하지 않는다. 실패는 누구나 할 수 있고 발명가 에디슨도 수많은 실패를 했다. 에디슨은 실패라 부르지 않고, 되지 않는 방법을 알았다고 했다. 부모로서 우리는 아이들이 도전하고 자존감을 향상시킬 수 있는 환경을 제공해야 한다.

실패를 이겨내는 방법

1. 아이의 능력보다 좀 더 높은 과제를 시킨다

이것은 아이가 실패할 수 있는 상황을 유도하는 것이다. 과제가 어렵기 때문에 아이는 노력 여하에 따라 성공할 수도 실패할 수도 있다. 사소한 것에서부터 좀 더 높은 과제를 제시한다. 노력 이후 성공을 하게 된다면 더 큰 자신감으로 다음 과제에 도전할 수 있다.

2. 아이에게 성공할 때까지 최선을 다하라고 말하지 않는다

"네가 중요하다고 생각하는 것을 하고 싶은 대로 그냥 해봐."라고 말한다. 스스로 선택한 일은 책임감을 불러일으켜 실패해도 다시 도전하고 싶은 의욕이 생기게 한다.

3. 아이의 실패를 심각하게 받아들이지 않는다

만약 부모가 실패를 너무 심각하게 받아들이면 아이는 실패할지도 모르는 일은 무조건 피하려들 것이며, 성공할 것 같지 않으면 결코 도전하지 않을 것이다.

아이의 실수에 대범하지 못한 부모라면 '친구의 아이가 이런 실수를 했다면 나는 어떻게 말해주었을까?'를 생각해 보아야 한다.

4. 자신의 실패를 순순히 인정하게 한다

실수를 인정해야 문제를 풀어갈 수 있다. 심각하게 말할 필요는 없지만 실패가 성공이라고 우기지 않도록 주의를 준다.

5. 어떤 일이든 실패한 상태로 내버려두지 않는다

아이의 자존감을 향상시키는 것은 성공의 경험이다. 실패를 그대로 내버려두면 정말 실패가 된다. 하지만 실패한 후에 다시 시도할 수 있도록 격려해주면 한때의 실패가 결국은 성공으로 기록된다.

– 『아이의 사생활』, EBS제작팀, 출판사 : 지식채널(2008)

6

다양한 경험을 제공하여 즐거움을 주라

내면의 태도를 바꿈으로써 삶의 외면도 바꿀 수 있다.

– 윌리엄 제임스

아이가 경험하도록 하라

백문이 불여일견이라는 말이 있듯이 백 번을 듣는 것보다는 아이가 직접 경험을 해보는 것이 중요하다. 요즘은 아이들을 위한 체험 공간이나 즐길 장소들이 많이 생겨났다. 동물원도 실내 동물원이 생겨 날씨와 관계없이 갈 수 있고 체험형으로 아이들이 직접 만지고 먹이를 줄 수 있는 곳도 있다. 또한 아이들이 마음껏 뛰어놀고 만질 수 있는 캐릭터를 활용한 키즈카페 등도 도심 여기저기서 손쉽게 만날 수 있다. 성인들을 위한 시설이지만 가족 단위로도 많이 찾는 실내 양궁장, 스크린 야구장, 스크린 낚시, 실내 낚시 등도 함께 갈 수 있다. 이 뿐만 아니라 주변의 수목원, 아파트 단지 내 놀이터, 무료로 운영되는 백화점 공연, 박물관, 과학관, 기관에서 운영하는 체험관 등 상당히 많다.

부모의 입장에서 아이들이 체험을 원한다면 다양한 체험을 할 수 있는 곳을 신경을 써서 찾아보는 것이 좋다. 경제적인 부분이 소요되는 시설도 있고 무료로 운영되는 시설도 있으니 부모의 입장에서 고려를 하면 된다.

주중에는 힘들지만 나의 경우에는 주말에는 아이들에게 자신들이 원하는 곳을 갈 수 있도록 해주려고 노력한다. 물론 아이들에게 "이번 주말에 어디 가고 싶니?"라는 질문을 바로 하면 처음에는 대답을 잘 하지 못한다. 몇 번의 경험이 있다고 하더라도 아이들이 아는 세상은 부모가 아는 세상에 비하면 아직까지는 너무나 작기 때문에 무엇이 있는지를 제대로 알지 못해 답을 못한다. 나는 아이들이 지금까지 체험한 것들을 고려하여 아직 체험하지 못한 것들이 있는지를 찾아보고 몇 가지 체험을 제안한다. 통닭 만들기 체험, 지역의 축제 행사, 지역 기관 체험 시설장 등이다. 이 경우에 가정의 경제적인 상황을 고려해서 예를 들면 한 주는 비용이 들지 않는 곳, 다음 주는 비용이 드는 곳으로 체험을 한다. 상황에 따라서는 연속적으로 이루어지기도 한다. 아이들이 늘 반복적인 체험만 하는 것이 아니라 부모의 입장에서 번거롭지만 다양한 체험을 하도록 하면 경험을 바탕으로 다른 활동과 접목할 수 있는 능력이 향상된다. 물론 아이들을 위한 체험이지만 부모의 입장에서도 너무 힘들거나 지루하기만 해서는 안 된다. 부모도 재미있고 의미를 가질 수 있으면 좋다.

아이들과 체험한 것 중에서 통닭 만들기 체험이 많이 기억에 남는다. 배달 음식을 잘 시켜먹지 않는 편이지만 가끔씩 통닭을 시켜 먹기 때문에 통닭을 튀기고 양념을 한다는 것에 관심이 갔다. 아이들이 직접 순살 치킨을 만지고 튀김가루를 묻히고 파우더와 물을 혼합하고 이에 순살 치킨을 넣어 튀길 준비를 하는 것이다. 이러한 과정에서 아이들은 고기를 직접 만지는 느낌과 함께 반죽하면서 슬라임을 하는 것과 같은 느낌을 가졌다. 튀기는 과정은 위험하여 업체에서 해주지만 그 과정을 지켜볼 수 있었다. 다 튀긴 치킨을 부모와 아이가 함께 먹을 수 있기 때문에 다양한 경험을 하게 한다. 그 경험을 하고 난 뒤에 치킨을 시켜서 먹으면 아이들이 "나도 해보았는데."라고 말을 하면서 먹는다. 경험을 해보는 것이 무척이나 중요한 것이다.

아이들의 경험은 외부에서만 이루어지는 것만은 아니다. 자신이 하는 모든 행동들이 경험의 일환일 수 있다. 그런 면에서 아이들의 놀이는 매우 중요하다. 『놀이의 반란』이라는 책에서 언급이 되듯이 놀이는 아이의 창의성, 감성, 지성 등 많은 면에 영향을 미치게 된다. 나는 가끔 '어떻게 놀면 좋을까?' 하는 생각을 한다. 요즘 아이들 방송을 보다 보면 방송 중간 중간에 아이들의 호기심을 막 잡아당길 수 있는 광고를 한다. 말하는 인형부터 체험형 장난감까지 너무나 다양하고 그 가격도 상상을 초월하게 비싼 것도 있다.

나 또한 첫째 아이에게 완성된 장난감을 거금을 들여 몇 번 사준 적이 있다. 아이는 처음에는 관심을 가지고 적극적으로 가지고 논다. 하지만 20-30분 정도가 지나면 흥미가 급격하게 줄어들고 며칠이 지나면 거의 가지고 놀지 않는다. 아까운 생각에 왜 가지고 놀지 않느냐고 물어보면 마지못해 잠시 가지고 놀다가는 금세 싫증을 낸다. 반면에 색깔로 이루어진 종이컵을 색깔별로 40개 정도 준 적이 있었다. 이 종이컵들을 가지고 동생과 함께 던지기 싸움도 하고, 마이크로 활용하기도 하고 쌓기 놀이도 하였다. 종이컵에 실을 연결시켜 기차로도 만들어서 가지고 놀았다.

규정화되어 있는 장난감에서는 본인이 할 수 있는 것들이 한정된다. 무선 로봇의 경우 처음에는 움직일 수 있게 하는 것이 신기하지만 조금 지나면 더 이상 자신이 할 수 있는 것이 없다. 반면에 종이컵의 경우는 자신이 생각하고, 하고 싶어 하는 형태로 변형시키면서 놀 수 있는 것이다. 이 경우에는 부모가 무엇을 하라고 시키지 않기 때문에 마음대로 놀이를 할 수 있다. 이에 사고도 한정적인 것이 아니라 자신이 표현하고 싶은 것을 확산적 사고로 표현할 수 있다. 무엇보다도 종이컵 하나를 아이가 원하는 대로 변형시켰다고 해서 아이를 꾸짖을 부모는 거의 없을 것이다. 하지만 고가의 장난감을 아이가 원하는 대로 만들면 부모는 아이를 야단칠 것이다.

아이에게 다양한 놀이의 경험을 제공하고자 한다면 기존에 만들어져 있는 장난감보다는 블록이나 무형의 물체를 제공해주는 것이 훨씬 효과적이다. 같은 놀이를 하더라도 같은 놀이가 반복되는 것이 아니라 할 때마다 새로움이 덧붙여지기 때문이다. 그리고 다양한 놀이를 할 수 있도록 부모는 다양한 경험을 제공하는 것이 필요하다. 코끼리를 아는 사람만이 코끼리를 생각하고 이야기할 수 있기 때문이다. 놀이를 함에 있어서 놀이 자체에 관여하기보다는 아이가 다양한 놀이를 할 수 있도록 놀잇감을 제공하는 것이 중요하다.

EBS 방송을 활용하라

부모가 다양한 부분의 것을 다 설명을 해줄 수도, 할 수도 없다. 아이들의 호기심을 자극하고 지속시키기 위해서는 다양한 방송이나 책 등을 활용하면 좋다. 과학적인 지식을 원한다면 과학에 관련된 책들과 그와 함께 제공된 부록들이 있다. 이러한 것들을 통해 아이가 직접 실험에 대해 가설을 세워보고 그 가설의 타당성을 확인해보는 것이 좋다.

EBS 방송은 연령대에 적합한 교육 프로그램을 잘 제공한다. 유아와 아동의 과학적 관심을 제공해주는 프로그램 중에 〈원더볼스〉라는 프로가 있다. 이 프로에는 아이들이 관심을 가질 만한 내용의 실험을 계획하고 이를 실제로 실행해보이고 아이들이 직접 해볼 수 있도록 안내도 잘 해준다. 아이들이 〈원더볼스〉 프로그램을 보고 엄마에게 팽이를 만들어보자고 했다. 아이들은 프로그램에서 제시한 재료들을 알려주었다. 우리는 며칠 뒤 재료들을 준비하고 아이들과 같이 팽이를 만들었다. 이 실험의 핵심은 돌아가는 팽이에 물감을 떨어뜨리면 회전력에 의해 물감이 멋지게 번져나가는 것이었다. 같은 방식으로 팽이를 만들고 아이들은 멋지게 번져나갈 물감을 기대하였다.

"엄마, 이제하면 멋지게 되겠지!"

조심스럽게 물감을 떨어뜨렸다. 그러나 기대한 것과 달리 제대로 되지 않았다. 아이들은 갑자기 실망을 하였다. 이때 부모의 역할이 매우 중요하다. 원하는 결과가 나오지 않은 이유를 함께 생각해볼 수 있는 기회를 가진 것이다. 아이들과 '왜 되지 않았을까?'에 대해서 많은 이야기를 했다. 물감이 회전력에 적합하게 번져나갈 수 있는 농도가 아닌 것으로 생각했다. 몇 번의 실험을 더 했지만 〈원더볼스〉에서 보여준 만큼의 성과를 얻지는 못했다. 아이들은 이런 경험을 통해 정밀한 실험의 필요성을 알게 되었다. 실험을 준비하는 과정에서 즐거움도 가졌다.

부모의 입장에서는 아이들이 다양한 경험을 할 수 있도록 해주는 것이 중요하다. 반드시 돈이 많이 드는 것이 아니라 아이들이 지금까지 생각하지 못했던 것을 함께 해본다든지 아니면 새로운 경험을 창출해낼 수 있도록 환경을 〈원더볼스〉 한다. 다양한 경험을 한 아이는 다양한 생각을 할 수 있게 되고 이러한 경험의 누적은 자신감을 증진시킨다.

내 아이를 성공시키는 경험

1. 많은 책을 읽을 수 있도록 하라

책은 아이들에게 많은 어휘와 감성을 제공하여, 생각의 틀을 확장시켜주며, 논리적으로 상황과 자신의 주장을 펼칠 수 있도록 도와준다. 초등학교 수준에서 책을 많이 읽은 아이와 그렇지 못한 아이들은 대화를 통해 전문가들은 금방 유추해낼 수 있으며, 당연히 어휘가 풍부하며 논리적인 아이들의 학업 성취도가 높다. 하루 1시간 정도는 교과를 제외한 다양한 책을 읽도록 아이와 약속하고, 저녁에 잠들기 전에 부모와 책에 대해 이야기를 나눌 수 있도록 습관을 들여라.

2. 세상이 교육이다. 여행을 많이 하라

세상 속에서 배우는 교육만큼 실질적인 교육은 없다. 여행은 아이들을 활기차게 만들고, 사교적으로 만들고, 소통하는 방법을 알려주고, 장소가 머금고 있는 역사와 삶을 알려주고, 낯설음에 도전하도록 만들어준다. 함께 하면서 아이의 장단점을 알 수 있으며, 가족과의 소통을 통해 행복 지수를 높여준다. 지금 아이를 위해 무엇을 해야 할지 아직 결정하지 못했다면, 주말여행 계획을 가족과 함께 계획하라.

3. 경제와 금융에 대해 어려서부터 관심을 갖도록 하라

돈과 경제적 풍요는 행복의 충분조건은 아니지만, 필요조건 중 하나다. 열심히 공부해서 좋은 대학을 졸업하고, 사회생활을 한다고 해서, 갑자기 경제와 돈에 대해 잘 알고, 잘 벌고, 잘 쓰지 못한다는 점도 알고 있다. 아이가 보다 풍요롭고, 윤택한 삶을 살기 원한다면, 지금 바로 경제 교육을 시작하라.

4. 매너와 예의, 소통법을 가르쳐라

인간은 사회적 동물이라는 누구나 아는 명제가 있다. 내가 먹고 살기 위해 취업을 해도, 비즈니스를 해도 누군가와 소통을 하고 협상을 하며 그 속에서 기회를 발견하고 부가가치를 만들고 살아갈 수 있는 것이다. 이런 관계 속에서 모든 것이 이루어지는 삶을 아이들이 살아가야 한다면, 당연히 상대방을 배려하는 방법, 소통하는 방법 그리고 이를 넘어서 상대방을 기분 좋게 하는 태도와 매너를 배워야 한다.

– '공부보다 중요한, 내 아이를 성공시키는 7가지 팁', 황장군 칼럼(아자스쿨). 2017. 5. 12.

7

자신을 사랑하고 존중하는 마음을 가지게 하라

저울의 한쪽 편에 세계를 실어 놓고 다른 한쪽 편에 나의 어머니를 실어 놓는다면, 세계의 편이 훨씬 가벼울 것이다.

– 랑구랄

아낌없이 사랑하라

자존감이란 자신을 존중하는 감정이다. 자신을 존중하려면 자신에 대한 사랑과 자부심 등이 존재해야 한다. 자신이 괜찮은 사람이라고 스스로 생각을 해야 하는 것이다. 단순히 나 혼자서만 나는 좋은 사람이고 멋진 사람이라고 외친다면 나르시즘에 빠진 것과 다름없다. 그렇다면 주변에 자신을 가장 지원해주는 사람이 있어야 한다. 가깝게는 부모, 형제, 남편 및 아내, 자식 등이 일차적이고 다음으로 친구, 직장 동료, 아는 사람 순이다.

다른 사람이 자신을 인정해주고 사랑해주면 자연스럽게 자신도 자신을 사랑하게 된다. 어릴 적부터 주변에서 사랑을 받게 되면 자존감이 높아지는 것은 너무나 당연한 일이다. 성인이 되어서라도 가장 가까운 사람이 지속적으로 자신을 비하하고 인정하지 않으면 자존감은 무참히 무너진다.

지숙 씨는 결혼을 하고 2살 난 딸아이가 있는 아주 평온한 가정주부로 보였다. 모임에서 남편과 함께 만나면 남편은 언제나 지숙 씨에게 잡혀 사는 것처럼 보였고 지숙 씨는 아무 말도 제대로 하지 못했다. 개인적으로는 지숙 씨가 남편에게 너무나 막 대한다는 생각마저 들 정도였다. 그렇다하더라도 알콩달콩하게 사는 신혼부부처럼 보였다.

어느 날 상담이 전공인 것을 알고 지숙 씨에게 연락이 왔다. 그리고 상담을 하고 싶다고 했다. 나는 '무슨 일일까?' 하고 여러 시나리오를 생각하면서 지숙 씨를 만났다. 지숙 씨는 부모님의 사랑을 많이 받았고 대학교와 직장에서도 인정을 받았다고 했다. 지금의 남편은 처음에는 첫인상이 좋지 않아 사귀는 것을 거절했는데 몇 년간의 구애로 진정성이 보여 결혼을 했다고 했다. 여기까지의 내용은 특별한 것이 없었다. 갑자기 눈물을 보이면서 다음의 이야기를 함에 있어서 주저주저했다. 눈빛 너머로 이야기를 해야 할까 말아야 할까 하는 망설임이 보였다.

"편하실 대로 하세요. 하시고 싶으시면 하시고 아니면 다음에 하셔도 됩니다."

주저하던 지숙 씨는 조용히 팔과 다리의 옷을 걷어올리며 나에게 보여 주었다. 팔과 다리에 멍자국이 선명하게 보였다. 나는 순간적으로 간단한 문제가 아님을 직감했다. 지숙 씨의 이야기는 다음과 같았다. 남편이 자신에게 못생겼다고 늘 말하고, 무엇인가 말대꾸만 하면 폭력을 행한다고 하였다. 참고로 지숙 씨는 누구보다도 예쁜 얼굴이었다. 심지어는 지숙 씨의 남편은 아이도 자신의 아이가 아닐 수 있다고 의심을 하였다. 지금은 자신이 정말로 못생기게 느껴지고 집에 들어가는 것 자체가 공포라고 이야기를 했다. 그래서 공식적인 자리에 참석하면 상대적으로 남편으로부터 안정된 공간이었기에 그동안 억눌렸던 감정들을 퍼붓는다고 했다. 이 장면만 보아왔던 나는 남편이 구박당한다고 생각한 것이었다. 그런 모임이 있고 나면 다시 가정에서는 가정 폭력이 발생하였다.

무엇보다도 대학생, 직장 생활을 할 때까지만 해도 스스로 자신감과 자존감이 높았는데 지금은 자존감도 없고 우울하며 비참하다고 했다. 남편 한 사람이 자신을 아주 무능력하게 만들었다는 것이다. 결국에 이 부부는 이혼을 했다. 가장 중요한 사람이 자신을 존중해주지 않으면 스스로를 사랑하기가 어려운 것이다.

부모로서 아이에게 무엇을 이야기해야 할까? 다름이 아니라 사랑을 표현해주는 것이 중요하다. 아이를 사랑한다고 표현하는 것이 아이를 건방지게 만들거나 안하무인으로 만드는 것이 아니다. 절대적으로 가까운 사람의 사랑은 사랑 이상이며 일상의 삶에 큰 영향을 미치게 되는 것이다.

자신을 사랑하라

나는 상담자로서 어린 유아, 아동에서부터 성인, 노인분까지 만나서 상담을 한다. 다양한 연령대의 사람들을 만나다 보면 공통점을 발견하게 된다. 현재 자신이 부족하거나 열등감을 가지게 된 가장 중요한 요인 중의 하나가 부모가 자신을 인정해주지 않았기 때문이었다. 이들은 부모에게 자신이 못난 존재가 아니라는 것을 증명하기 위해서 애를 쓰며 노력하는 경우나 부정하기 하기 위해 부모에게 반항을 하였다. 부모로부터 인정을 받지 못했기에 자신을 인정하지 못했던 것이다. 부모의 작은 인정은 사람에게 자신의 사랑으로 확산되고 자신에 대한 인정의 확신을 가지게 하는 것이다. 아이에게 매우 사랑한다는 말과 가벼운 뽀뽀를 해준다면 아이는 자신을 아낌없이 사랑하게 된다.

누구나 100% 자신에게 만족을 하면서 살아가는 사람은 드물 것이다. "건강하세요?"라는 질문에 특별히 많이 아프지 않는 경우를 제외하고는 우리는 "건강합니다."라고 대답을 한다. 완전히 무결하게 아프지 않은 것을 100%로 가정을 한다면 90%를 건강하다고 말하고 80%도 건강하다고 말할 수 있다. 일부 건강에 영향을 주는 부분을 확대해서 해석하지 않고 나머지 건강한 부분에 초점을 맞추는 것이다. 자존감을 향상시키는 방법은 자신의 부족한 부분에 초점을 두는 것이 아니라 자신이 가지고 있는 강점과 장점에 관심을 두는 것이다. 자신의 괜찮은 부분을 인정하고 반복을 하면 자연스럽게 자신을 사랑하게 된다.

나의 경우에도 아침에 일어나서 세수를 한 후 얼굴을 바라보면서 "오늘도 괜찮은 하루가 시작되었어. 나도 괜찮은 사람이지. 이제까지 잘 해왔으니 앞으로도 잘될 거야."라고 스스로 말한다. 나도 단점을 찾아서 적으려고 한다면 A4 한 장은 순식간에 적을 수 있을 것이다.

자신을 사랑하는 젊은이 중에 전 세계 사람들에게 동기 부여를 해주는 오스트리아 출신인 닉 부이치치가 있다. 닉 부이치치는 태어날 때 유전 질환인 해표지증으로 짧은 왼발을 제외하고는 양쪽 팔과 오른쪽 다리가 없이 태어났다. 성장하면서 다른 아이들과의 차이점을 알고 8세 때에는 극심한 우울증을 앓고 자살 시도를 하였다. 이런 절망적인 닉에게 닉의 부모는 닉을 새로 태어나게 할 수 있는 말을 하셨다.

"닉, 너는 신체 일부가 없을 뿐이지, 너는 정상이란다."
"닉, 네가 지금은 불행하다고 생각하겠지만 너는 앞으로 상상 이상의 행복 속에서 살아가게 될 것이다."

닉의 부모님은 닉이 남들과 다를 바 없는 평범한 아이이고 다른 아이들과 마찬가지로 무엇이든지 혼자 할 수 있다는 것을 가르쳤다. 그 결과는 닉 부이치치는 일상생활의 식사부터해서 농구, 악기연주, 수영, 서핑, 골프 등 일반인들도 하기 어려운 일들을 해냈다. 닉 부이치치는 그의 단점마저도 사랑해주는 사람을 만나 결혼을 하고 현재 아이도 있다. 닉 부이치치는 한국 방송에 출연하여 다음과 같은 말을 하였다.

"저는 팔, 다리가 없어도 행복을 느낄 수 있어요. 살면서 실패하고 좌절해도 포기하지 마세요. 실패할 때마다 무엇인가를 배우고 강해질 거예요. 휠체어를 타든 가난하든 부자이든 CEO이든 평범하든 당신은 소중해요. 그 누구도 여러분의 가치와 기쁨을 빼앗아갈 수 없어요."

닉 부이치치는 그 누구보다도 더 많이 쓰러졌을 것이다. 넘어질 때마다 스스로 일어서기 위해 수많은 노력을 통해 일어나는 법을 터득했다. 그는 우리에게 "절대 포기하지마라.", "계속 도전하라.", "내 자신을 사랑하라."라는 메시지를 던졌다.

아이들도 자신의 장단점을 잘 안다. 그로 인해 하지 못하는 것을 걱정하고 미리 포기하는 경우도 속출한다. 우울하고 무엇보다 삶의 목표를 가지지 못하고 자신의 가치를 인지하지 못한다. 신이 우리를 세상에 태어나게 한 것은 분명한 이유가 있다. 우리는 삶을 살아가면서 그 이유를 발견하여야 한다. 발견하는 방법의 시작이 자신을 사랑하는 것이며 존중하는 것이다. 부모는 아이들을 존중하고 사랑하면서 부모 자신이 자신을 사랑하는 모습을 보이는 것이 중요하다.

자기 자신을 사랑하는 방법

1. 자신에게 긍정적으로 말하라

자신에게 말하는 방식은 그에 따른 결과를 가져온다. 만약 계속해서 자신을 비판하고 비난한다면, 기분이 나쁠 수밖에 없다. 반대로 스스로를 존중하고 자신이 사용하는 언어를 인식한다면 훨씬 더 기분이 좋아진다.

2. 자신의 몸과 영혼을 돌보아라

육체와 영혼은 분리될 수 없다. 한쪽에게 좋은 것은 다른 한쪽에게도 필연적으로 좋다. 이것은 곧 신체적으로나 정신적으로 자신을 돌보는 것이 행복으로 이어진다는 것을 의미한다. 균형 잡힌 식사, 숙면, 규칙적인 운동, 음악 듣기, 자연 속을 걷기 또는 우리에게 중요한 누군가와 기분 좋은 저녁을 함께 하는 것들이 있다. 기분을 나아지게 할 수 있는 몸과 영혼에 영양가를 주는 활동이나 취미를 즐겨라.

3. 실수를 벌하지 말고 배움의 기회로 여겨라

한번 실수를 저지른다고 스스로에게 벌을 줄 필요가 없다.

우리는 모두 실수를 하므로 실수를 삶의 일부로 받아들여야 한다. 물론 실수를 하지 않는 것이 더 좋지만 실수를 절대 저지르지 않으려고 하는 것은 자신에게 거짓말을 하는 것이다. 모든 실수에는 교훈이 있다. 교훈에 집중하는 것이 자신을 자책하는 것보다 낫다.

4. 건강한 장소에서 건강한 관계를 맺고 건강한 활동을 하라

건강한 장소는 우리가 평온함과 삶의 즐거움을 회복하는 곳으로 산, 바다, 공원 등이 될 수 있다. 만약 집에 있다면 자신을 유용하고 즐겁게 만드는 것으로 스스로를 둘러싸라. 필요하다면 집을 재정비하라. 어떤 면에서 이것은 삶을 다시 시작하는 데 도움을 줄 것이다. 건강한 사람들은 존재 자체로 평화와 에너지를 주는 사람들이다. 편안한 사람들과 교감하고 해로운 관계를 피하라. 건강한 활동은 일상생활의 스트레스에 대처하는 데 필요한 힘을 주는 즐거운 활동이다. 좋은 책을 읽거나 영화를 보거나 스포츠를 하거나 휴식을 취하는 것이다.

– "자기 자신을 사랑하는 방법을 배우기 위한 5가지 권장 사항", 원더풀마인드 (wonderfulmind.co.kr). 2018. 08. 04.

8

흔들림 없는 관심으로 아이를 사랑하라

최고의 가르침은 아이에게 웃는 법을 가르치는 것이다.

– 프리드리히 니체

엄마의 태도가 아이의 삶에 영향을 미친다

엄마가 아이를 사랑하는 데는 특별한 이유가 없다. 자연계를 살펴보더라도 몇몇 종을 제외하고는 엄마라는 존재가 자신의 새끼를 키우는 데 있어서 헌신을 다해 키운다. 하물며 인간이 자신의 자식을 키우는 데 어떤 대가를 바라고 키운다는 것은 납득하기가 어렵다. 아이를 키운다는 것은 무엇을 의미하는가? 단순히 의식주만 제공을 하면 되는가? 물론 생존을 위해서는 의식주가 기본이 되어야 한다. 하지만 가장 중요한 것이 있다. 바로 부모의 사랑인 것이다.

대학생 제자 중 한 명 희정이는 늘 자신에 대해 비관적으로 생각했고,

그래서인지 언제나 얼굴 어딘가에 근심의 그림자가 드리워 있었다. 일을 시작하기 전에 다른 사람의 눈치를 많이 보았고 다른 사람들보다 자신이 맡은 소임을 더 잘 했음에도 불구하고 늘 부족하다고 부정적인 답변을 했다. 어느 날 나는 아무래도 희정이가 마음의 문제가 있음을 감지하고 조용히 연구실로 불렀다. 희정이가 지금껏 잘하고 학과에 많은 도움이 된 것에 대해 칭찬을 하였다. 칭찬을 받으면 잠시 기뻐하는 듯한 얼굴을 보이다가 다시 무표정한 표정으로 바뀌었다.

희정이에게 나는 지금까지 2년간 학교에서 희정이가 보인 태도에 대해 이야기를 했다. 열심히 최선을 다하는 모습이 참 보기가 좋다는 것과 결과가 좋은데도 불구하고 밝지 않는다는 점을 말했다. 희정이는 나의 이야기를 듣고는 잠시 생각에 잠겼다. 이야기를 해야 할지 말아야 할지 주저하는 표정을 짓다가 조심스럽게 이야기를 꺼냈다. 자신은 첫째 딸로 태어났는데 엄마는 태어나면서부터 자신을 보고 주기적으로 말했다고 했다.

"너 때문에 내 신세를 망쳤다."

희정이의 엄마는 혼전 임신을 하고 임신 때문에 결혼을 한 것이었다. 결혼을 하고 난 뒤에 자신이 하고 싶은 일을 하지 못하고 결혼 생활도 원만치 못했다. 결국 희정이가 10살 때 이혼을 했다. 이혼을 하고 난 뒤에 희정이에게 엄마는 "너만 없었으면, 너만 태어나지 않았으면."을 세뇌하듯이 지속해서 말했다. 희정이는 엄마에게서 따뜻한 사랑을 거의 받은 적이 없고, 당연히 자신이 이 세상에 불필요한 존재이고 엄마의 걸림돌이라는 생각이 아직도 든다고 했다. 자기가 잘났으면 엄마가 이런 생각을 하지 않았을 텐데 하는 생각이 들어 매사에 열심히 한다고 했다. 나름의 결과를 보여드려도 엄마의 반응은 항상 싸늘하고 부정적이었다.

희정이는 자신도 알지 못한 채 무슨 일을 하기 전에 습관적으로 주변 사람의 눈치를 보게 되었다. 주변인의 마음에 들기 위해 최선을 다했다. 주변에서 잘했다고 해도 자존감이 낮아진 희정이는 다른 사람들의 칭찬이나 긍정적인 말을 그대로 받아들이지 못했다. 그 말을 곧이곧대로 믿지를 못했다. 세상 누구보다도 가까운 사이이며 의존해야 하는 엄마에게서도 들어보지 못한 말이었기에 다른 사람들이 하는 말을 믿을 수 없었던 것이었다. 나는 희정이와 이 부분에 대해 서로 합의하에 개별 상담을 하였다. 한 학기 정도 상담을 하고 희정이는 어느 정도 자신이 특별하고 괜찮은 사람임을 깨닫게 되었다. 희정이가 많이 나아진 것이었다. 그렇다고 해서 완전히 자신을 믿고 온전히 받아들일 수 있는 수준은 아니었다. 부모의 사랑이 희정이를 통해서 무엇보다도 중요함을 알 수 있다. 부모가 자식을 인정해주지 않으면 다른 사람이 자신을 인정해주어도 온전히 받아들이는 것이 쉽지 않다. 사실이 사실이라고 해도 어릴 적부터 사랑이 부족했던 부정적 영향은 지속적으로 희정이를 괴롭히고 있는 것이다.

흔들림 없이 사랑해주라

특별한 사람의 끊임없는 사랑과 관심은 불가능하다고 생각하는 것조차 변화시킬 수 있다. 부모가 아니지만 흔들림 없는 사람의 관계를 뽑으라고 한다면 헬렌 켈러와 앤 설리번 선생님과의 관계를 뽑을 수 있다.

헬렌 켈러는 생후 20개월 만에 뇌수막염으로 시각, 청각은 물론 말하는 능력까지 잃었다. 만 7세까지는 어느 누구도 통제를 하지 못하는 아이였다. 앤 설리반도 헬렌 켈러를 가르치는 데 어려움이 많았다. 앤은 진심어린 마음으로 헬렌 켈러의 길잡이가 되고자 했다. 이러한 진심은 긴 시간이 요구되었지만 결국 통하였다. 앤은 헬렌 켈러에게 'doll' 문자를 가르치는 것을 시작으로 학습이 필요한 모든 부분을 알게 했다. 1900년에는 하버드대학교 부속 여자대학교였던 래드클리 대학에 동반 입학을 했다. 앤 설리반은 헬렌 켈러가 3중 장애인 최초로 인문계 학사학위를 취득하는 것을 도왔다. 이러한 노력의 결과로 헬렌 켈러는 세계 곳곳을 누비며 장애인의 권리와 여성 인권 신장, 사형 폐지 운동, 아동 노동과 인종차별 반대 운동을 하였다. 이로 인해 세계적인 유명한 작가이자 연설가가 되어 현재 우리에게 잊혀지지 않는 위인이 되었다. 헬렌 켈러에게 앤 설리반이 없었다면 헬렌 켈러는 장애를 가진 한 사람으로서 삶을 마감했을 수도 있다. 한 명의 위대한 스승인 앤 설리반이 포기하지 않고 아낌없는 사랑으로 지원을 해준 결과 헬렌 켈러를 탄생시킨 것이다.

아이는 누구나 자신의 능력을 타고 난다. 이를 누가 어떻게 잘 돌봐주고 키워주는가가 중요하다. 일반적으로 부모가 아이의 능력을 파악하고 아이의 역량을 키워준다. 부모 중에서도 엄마의 역할이 더 중요하다. 그래서인지 이러한 말이 있다. 하나님은 모든 사람들을 돌봐주기가 어려워서 어머니를 세상에 내려 보내셨다. 엄마라는 존재는 바로 신의 대리인이다. 세상의 그 누구도 아이를 믿어주지 않더라도 엄마는 흔들림 없는 믿음과 관심으로 아이를 사랑해주어야 한다. 그것이 바로 엄마의 역할인 것이다. 엄마라는 바다는 아이가 편히 쉴 수 있는 편안한 안식처이다.

다른 사람들이 다 말리고 안 될 것이라고 할 때 자폐 아들의 마라톤 완주를 위해 끝까지 노력하고 훈련시켰던 영화가 있다. 배우 조승우의 명대사 "초원이 다리는 백만 불짜리 다리"로 유명한 영화 『마라톤』이다. 마라톤의 줄거리는 얼룩말과 초코파이를 좋아하는, 몸짓이나 외형은 또래 아이들과 다를 것이 하나 없지만 자폐아인 초원이의 이야기이다. 초원이는 자폐증 진단을 받게 되고 초원이의 엄마 경숙은 감당할 수 없는 현실 앞에서 좌절하게 된다. 일반적인 사람은 포기했을 것이다. 하지만 엄마

경숙은 포기하지 않았다. 어느 날 초원이가 달리기만큼은 누구보다 잘한다는 것을 발견하고 희망을 가지고 훈련을 시켰다.

전직 유명 마라토너 정욱이 음주운전으로 사회봉사 명령을 받게 되고 우연한 기회에 초원의 학교로 오게 된다. 엄마 경숙은 수많은 굴욕을 딛고 정욱을 초원의 코치로 맞이한다. 엄마 경숙은 주변인들과 수많은 갈등을 겪고 화해를 한다. 결국 초원 역시 실패와 도전 그리고 마라톤의 완주를 통한 성공의 경험을 가지게 된다.

초원이가 마라톤을 달린다고 해서 일반 아이와 같아지는 것은 아니다. 경숙의 입장에서 자폐아이지만 무엇인가를 해낼 수 있고, 이 힘을 바탕으로 숨 가쁘고 험난한 세상을 헤쳐나가기를 원하는 것이다. 엄마의 입장이 아닌 제 3자의 입장이라면 자폐를 가진 아이를 마라톤을 시킨다는 것은 미친 짓이라고 생각할 것이다. 그러나 엄마는 이 세상의 그 누구보다도 무모하고 용감해질 수 있다. 여자는 약하지만 엄마는 강한 것이다. 엄마가 흔들림 없는 사랑으로 아이를 사랑한다면 아이는 자신에 대한 긍정적인 생각을 하게 된다. 이 세상의 모든 사람이 나를 믿지 않는다고 생각할 때도 엄마를 떠올리게 될 것이다. 이러한 믿음은 모든 행동의 원동력이 되고 자신감을 가지게 된다. 엄마의 길은 쉽지 않다. 그러나 누구나 쉽게 될 수 없다. 한 아이의 인생을 책임지고 성인으로서 성장하도록 안내해주는 나침반이요, 등대이기 때문이다.

좋은 부모가 되기 위한 자기 성찰

1. 인내심

아이들은 어른보다 행동이 느리고 서툴며 그래서 부모에게는 인내심이 필요하다.

2. 융통성

자녀가 출생하면 부모는 예전처럼 자신의 생활을 통제하고 계획한 대로 실행할 수가 없다. 자녀 양육 기간 동안 예측할 수 없는 일들이 많이 생기며 부모가 이들을 융통성을 가지고 대처할 수 있다면 부모 역할은 더욱 쉬워진다.

3. 방해받을 때 참을성

부모가 된다는 것은 자신의 물리적, 정서적 공간을 포기한다는 것을 의미한다. 아이가 직접 내는 울음소리 외에도 아이를 위한 노래, 장난감 소리, 비디오 게임 소리 등 부모는 아이의 출생과 함께 각종 방해를 받게 된다. 이에 대한 예측을 통해 참을성을 발휘할 수 있을 때 원만한 부모 역할 수행이 이루어진다.

4. 자기희생

자녀가 출생하면 부모는 자기 자신에 관한 일은 우선순위에서 제외시키며 크고 작은 일상생활 속에서 희생을 하게 된다.

– 『The Parenthood decision』. Engel. 출판사 : Main Street Books.(1998)

초보 엄마 아빠를 위한 ...

5 장

아이 탓,
부모 탓 하지 않는
똑똑한 육아!

1

부모가 부정적일수록 아이를 탓하기 쉽다

일이 비록 작더라도 하지 않으면 이루지 못하고 자식이 비록 어질다 해도 가르치지 않으면 슬기롭지 못하게 된다.

– 장자

부모의 마음 상태가 아이 상태이다

내가 마음이 바쁘면 주변도 바빠지고 모든 것을 바로 인식하지 못하게 된다. 엄마의 마음이 편하지 못하면 아이를 정성 들여서 이해하고 제대로 키우기가 어렵다. 엄마가 끓는 냄비라면 냄비 속에 들어 있는 내용물들은 자신의 의도와 관계없이 끓는 물에 의해서 이리저리 흔들린다. 내용물이 조용히 가라앉으려면 끓는 냄비가 식는 방법밖에 없다. 아이가 안정적이기 위해서는 가장 우선적인 것이 부모의 안정이다.

초등학교 5학년 남학생인 근보는 이전 학년부터 문제가 있었다. 약간의 문제아이라는 꼬리표를 달고 나의 반 학생이 되었다. 학년 초부터 수업 시간에 책이나 노트를 잘 가지고 오지 않았으며 집중도 제대로 하지 못했다. 또한 소리를 내거나 다른 사람을 괴롭히는 것을 하지 못하게 하면 "에이씨."라고 말하면서 화를 냈다. 시간이 지남에 따라 학습 태도가 나아지는 것이 아니라 점점 더 나빠졌다. 예를 들면 수업 시간에 노트 필기를 하려고 하는데, 근보에게 연필이 없었다. 필통은 있는데 필통 안에는 한 자루의 연필도 보이지 않았다. 나는 짝꿍에게 근보한테 연필을 빌려주도록 했으나 몸서리를 치면서 빌려주지 않았다. 이유는 근보가 연필을 빌려가면 돌려주지 않는다는 것이다. 사실 돌려주지 않았다는 표현이 틀렸다고 할 수 있다. 빌려준 친구에게 돌려는 주었는데 이유 없이 연필을 부러뜨려 양쪽으로 동강난 연필을 돌려주거나 연필 뒤쪽을 야금야금 씹어서 못 쓰게 해서 돌려주었다. 이러니 아이들이 근보에게 연필이나 다른 학용품을 당연히 빌려줄 생각을 하지 않는 것이다. 친구들의 이러한 태도에도 불구하고 근보는 별 상관을 하지 않았다. 나는 근보에게 물었다.

"친구들이 너의 행동 때문에 너를 싫어하는데 괜찮니?"

"상관없어요. 그것이 무슨 문제예요. 선생님은 몰라도 돼요."

나와는 이야기할 생각을 거의 하지 않았다. 대화의 창 자체가 닫혀 있었다. 근보의 어머니께 연락을 드려 지금까지의 상황을 말씀드렸다. 상담을 위해 근보 어머니가 오셨다. 나는 근보의 학교생활과 지금까지 한 학습 자료들을 보여드리며 조심스럽게 나의 의견을 말했다.

"어머니, 근보가 의욕이 없고 모든 것을 포기한 것처럼 행동을 합니다. 집안에 무슨 일이 있나요?"

근보 엄마는 다른 이야기를 하시다가 조심스럽게 말씀을 하셨다. 최근에 이혼을 했고 그 이혼 과정에서 아이가 겪어서는 안 될 일들을 많이 겪었다고 했다. 이혼 전 근보 엄마에게 이혼을 통보하기 위해 근보의 아빠는 근보와 같이 시내에 나들이를 했다. 이 장소에서 아빠로서는 하지 말아야 하는 행동을 했다. 아빠의 여자친구와 그 아이를 소개시키며 아빠는 이 사람들과 살 것이니 엄마에게 전달하라는 것이었다. 근보는 3일 전에 나에게 아빠가 생일이어서 가족들끼리 케이크를 사서 파티를 했다고 했는데…….

근보의 아픔이 나에게 너무나 크게 다가왔다. 근보가 갑작스런 부모의 이혼에 경황이 없는데 근보의 엄마는 더 경황이 없어 몇 달 간 울기만 했다고 했다. 부정적인 근보 엄마는 근보에게 조금만 잘못이 있어도 본인이 생각해도 너무 심하게 야단을 쳤다고 했다. 근보가 학교를 빠지지 않고 나온 것만 하더라도 감사한 일이었다. 감정의 한 부분이 억눌렸으니 발산하기 위해서 학교에서 말도 안 되는 행동을 한 것이다. 나는 근보 엄마가 아이를 위해 정신을 차리도록 부탁을 드렸고, 근보에게 좀 더 관심을 가졌다.

근보 엄마의 심리 상태가 너무 힘들고 각박하니 아들인 근보 또한 일상적인 상황에 대한 판단도 흐려졌다. 부모의 감성이 부정적이면 자연스럽게 아이의 감정도 부정적이게 된다. 그리고 그러한 아이의 모습을 보고 더 탓하게 되는 것이다.

부모의 영향력은 크다

우리의 삶은 하나의 역할만 가지고 사는 삶이 아니다. 나 또한 집에서는 아빠, 직장에서는 교수, 상담소에서는 상담자, 친구들 사이에서는 친구 등 다양한 역할을 한다. 수많은 역할들을 어떤 경우에는 동시다발적으로 처리해야 하는 경우가 있다. 이럴 때 편안한 마음을 가지기보다는 여유가 사라지고 조급해진다. 학교에서의 일이 제대로 해결되지 않고 불편한 마음으로 집에 오면 평소에는 눈에 거슬리지 않은 것들도 갑자기 신경 쓰인다. 흩어져 있는 장난감, 아이들의 대답 등 하여간 별것도 아닌 것에 짜증이 난다. 내가 저기압일 때 자연스럽게 아이들은 나의 눈치를 살피게 된다. 아이들 입장에서는 괜히 불똥이 자신들에게 튈까 조심조심한다. 이런 모습이 참 귀엽기도 하면서 안타까운 생각이 든다. 그러면서 나 자신의 감정을 다시 알아차린다. 내가 부정적인 감정으로 휩싸여 있으니 말투 하나, 행동 하나가 곱지 않다. 그리고 아이들의 행동에 대한 수용의 폭이 좁아지면서 잘못된 부분에 대해 아이들의 탓을 한다.

부모도 하나의 인격체이기에 성인군자처럼 지낼 수는 없다. 아이들을 중심으로 두고 생각을 한다면 내 삶에서의 어려움이나 힘듦과 아이와의 관계에서의 삶을 구분할 필요가 있다. 나 또한 100% 다 되지 않지만 부정적인 감정이 되었을 때 내가 부정적인 감정에 휩쓸리지 않고 부정적인 감정에 들었다는 것을 알아차린다. 부정적인 감정에 빠지게 되면 그 감정으로 인해 더 부정적인 행동이나 언사를 하게 된다. 그러면 당연히 아이도 부정적인 대응을 할 것이며 이에 관계의 훼손을 가져오면 아이는 부모를 부모는 아이를 탓하게 된다.

가족 상담 중 체계이론이 있다. 가족을 하나의 조직 체계로 가정한 것이다. 상위 조직과 하위조직으로 나뉘어지고 이에 따라 힘의 균형도 배분된다. 가족을 도식으로 그린다면 톱니바퀴와 같이 서로와 연결되어 영향을 주는 것이다. 이때 톱니바퀴의 크기가 어떠냐에 따라 가족의 형태가 달라진다. 대부분 가정의 경우에는 아버지의 영향력이 가장 크기에 아버지 톱니바퀴의 크기가 당연히 가장 크다. 단, 가정의 가족수에 따라서 톱니바퀴의 모양이 변화될 수 있다.

내가 상담을 지도하는 학생들이나 초보 상담자들이 많이 힘들어하는 과정 중에 하나가 내담자의 변화이다. 상담의 과정에서 내담자는 인식과 행동에 많은 변화를 가진다. 상담자와 내담자 모두 만족을 하고 그 회기의 상담을 마친다. 1주일이 지난 다음 회기에 상담자는 부푼 기대를 안고 내담자를 만난다. 약속한 것을 이행한 더욱더 나아진 모습을 기대한다. 그러나 현실은 대부분 이전의 문제 있는 모습으로 온다. 이 과정에서 상담자는 자신의 무능감을 느끼는 경우가 많다. 이런 경우에 나는 그들에게 가족의 체계에 대해 설명을 해준다. 아이는 작은 톱니바퀴이지만 부모는 큰 톱니바퀴인 것이다. 외부에서 상담자가 열심히 해서 작은 톱니바퀴를 한두 바퀴 돌렸지만 가정에서 부모라는 톱니바퀴가 약간만 움직여도 다시 원위치로 돌아올 수 있다는 사실을 상기시킨다.

내담자가 아이인 경우에는 부모의 영향력을 절대적으로 무시할 수 없다. 이에 상담을 할 때 그럼에도 불구하고 내담자가 포기하지 않고 지속적으로 상담을 받고 실천하도록 한다. 부모와는 별개의 존재로서 인식하고 행동을 하도록 한다. 또 다른 것은 부모 상담도 같이 병행을 한다. 부모의 인식이 변해야지만 아이의 행동이 더 빨리 변할 수 있다는 것을 가르친다.

부모가 선한 영향력을 가지면 아이를 선하게 대하고 모든 행동을 이해하고 용납하기가 쉽다. 반면에 부모가 부정적인 감정에 휩싸여 있다면 감정으로 인해 상황을 객관적으로 파악하지 못한다. 일련의 사건들에 있어서도 자신을 탓하기보다는 아이를 탓하는 경우가 증가한다. 부모는 힘들고 어렵더라도 아이를 보듬을 수 있도록 부정적 사고에서 벗어나야 한다.

2

아이의 감정을 읽어주고 이해하라

아이는 관리되어야 하는 존재가 아니라, 부모의 기쁨이어야 하고 소중하게 여겨져야 하는 존재다.

– 대니얼 J. 시걸

아이의 행동을 이해하라

내가 어릴 적부터 살고 있는 도시는 대구이다. 군대 생활이나 해외에서 생활을 한 몇 년을 제외하고는 태어나서부터 지금까지 대구에 살고 있다. 현재 성인이 되어 사는 이곳도 어릴 적에 뛰어놀던 곳과는 그리 멀리 떨어지지 않은 곳이다. 지금은 아파트와 도로로 주변이 변화하지만 내가 어렸을 때는 5층의 아파트들과 주택들이 있었다. 게다가 학교 가는 길에는 벼가 심겨져 있는 들판이 있었고 집 뒤쪽에는 자그마한 못과 산이 있었다. 시골에 산 것은 아니지만 시골에서 산 것과 같았다. 잠자리, 사마귀, 거미, 사슴벌레, 개구리 등을 잡고 이제는 잘 보기 어려운 개구리 알도 가지고 놀았다. 지금의 표현으로 하자면 자연에서 놀았다.

그중에서도 나와 형 그리고 형 친구들과 함께 커다란 개구리를 많이 잡았다. 작은 개구리가 아닌 큰 개구리를 잡은 이유는 개구리 뒷다리를 구워먹기 위해서였다. 우리는 들판으로 뛰어다니면서 주먹만 한 개구리를 잡고 뒷다리를 잘라 연탄불에 구워 먹었다. 특별한 맛이 있는 것은 아니었지만 당시 고기를 많이 먹을 수 있는 형편이 아닌 관계로 가끔씩 먹었다. 다리를 자른 개구리는 살려준다는 명목으로 숲 풀이 있는 곳이나 개울에 보내주었다. 보내어주던 그 당시 어린 마음에도 잘 살기를 바라면서 방생을 하였지만 두 다리 없이 잘 살 수 있을까 하는 의문은 들었다.

개구리를 잡고 그것을 먹는 모습을 몇 번 말없이 지켜보시던 어머니가 우리 형제에게 말을 하였다.

"개구리를 잡는 것은 괜찮은데 먹을 것도 별로 없는 다리를 먹으려고 잡는 것은 좋아 보이지 않네."
"그래도 우리가 신나게 잡고 먹을 수 있잖아요."
"저기, 다리 없이 움직이는 개구리를 보렴. 불쌍해 보이지 않니?"

어머니의 말씀에 지금까지는 무심코 보았던 다리 잘린 개구리들을 자세히 관찰하게 되었다. 거의 움직이지 못하고 앞으로 겨우겨우 기어가는 수준이었다. 우리가 자른 뒷다리에는 피가 흘러나왔다. 갑자기 굽고 있던 개구리 다리를 더 이상 먹고 싶은 마음이 없어졌다. 개구리가 너무너무 불쌍해졌다. 우리의 마음을 알아차리셨는지 어머니는 조용히 말씀하셨다.

"지금 있는 개구리는 보내주고 더 이상 잡아서 먹지 않는 것은 어떠니?"

짧은 순간이었지만 어머니는 우리의 마음을 이해해주셨다. 이 사건이 있는 이후로는 개구리를 잡아는 보았지만 개구리 다리를 먹지는 않았다. 심지어 중국이나 동남아 여행을 가서도 개구리를 먹지 않았다. 어머니가 우리의 행동을 야단치셨으면 우리는 그 행동을 계속했을 수도 있다. 어머니의 차분한 말씀에 우리 형제는 생명의 소중함을 스스로 깨닫게 되었다. 부모가 아이들을 이해하고 감정을 상하지 않게 하는 것은 무엇보다 부모의 관심이고 이해하려는 마음이다.

아이의 마음을 먼저 알아주어라

가정 형편이 좋지 않았지만 부모님은 빚을 내서 일자형으로 5칸의 방을 가진 집 2채를 지었다. 마당이 있고 집의 형태가 약간 기울어진 'ㅗ'자 형태였다. 3칸은 우리가 쓰고 나머지 방 7칸은 전세나 월세를 놓았다. 집안에는 우리 집을 제외하고도 많게는 6가족, 적게는 4가족 가량이 늘 함께 살았다. 이렇게 내가 어릴 적부터 군대를 가기까지 약 20년 정도를 살았다. 여러 가족들이 살다 보면 정말 다양한 사건들이 발생한다.

어린 시절 나는 개인적인 장난감이나 게임기를 거의 가져본 적이 없었다. 다른 친구들이 가지고 놀거나 하면 부러운 시선으로 지켜볼 뿐 가정형편을 알기에 사달라고는 하지 않았다. 현수라는 친구가 학교에 스파이더맨 전자게임기를 가져왔다. 학교에서 잠깐 현수가 쉬는 시간에 빌려주어 게임을 하는데 너무나 흥미롭고 재미있었다. 잠시나마 나도 이런 게임기가 있었으면 하는 생각이 들었지만 금세 떨쳐냈다. 현수와 집으로 가는 방향이 같아 하교를 같이하였다. 나는 혹시나 하는 마음으로 현수에게 말을 했다.

"게임기 2-3일 정도 빌려줄 수 있니?"
"응, 그래. 잃어버리지만 말고 2일 뒤에 돌려줘."

나는 현수의 그 말에 너무나 기뻤고 하늘을 날아갈 것 같았다. 집에 도착해서 가방을 던지다시피 하고 게임을 했다. 옆에서 지켜보시던 엄마는 잃어버리지 말라고 하시고 크게 관여를 하지 않았다. 내가 마당에 앉아 열심히 게임을 하고 있으니 나와 동갑인 희수가 곁에 왔다. 나는 희수와 함께 즐겁게 했다. 저녁이 되어 혹시나 잃어버릴까하는 두려움으로 카세

트 테이프를 담아두는 상자에다 고이 숨겨두었다.

다음날 학교에서 늦게 왔다. 나는 학교에서 오자마자 게임기가 잘 있는지 확인을 하였다. 그런데 이런 날벼락이. 그렇게 잘 숨겨둔 게임기가 사라진 것이다. 그 당시 치킨 가격이 4-5천 원 정도였는데 게임기가 1만 5천 원이었다. 울다시피 어머니에게 사정을 말했고 엄마는 난감한 표정을 지으시면서 어떻게든 돈을 마련할 테니 너무 걱정하지 말라고 하셨다. 속상한 마음에 여기저기 다시 찾아다녔고 나와 같이 게임을 하던 희수가 없어진 게임기로 게임을 하는 것을 발견했다. 희수에게 물어보니 어제한 것이 좋아서 샀다고 했다. 아무리 보아도 새것이 아니였다. 나와 희수는 이런저런 실랑이를 하였고 결국에는 게임기를 다시 찾았다. 나는 너무나 화가 났다.

엄마는 너무 화를 내지 말고 이해해보라고 하셨다. 그러면서 나의 감정을 많이 보듬어주시면서 감정 수준을 낮추어주셨다. 이에 분노에 가득 찬 나의 감정은 어느 정도 사라졌지만 이 기억은 잊히지 않았다. 엄마가 나의 감정을 잘 이해해주지 않았다면 나는 아마도 그 당시에 희수와 크게 싸웠을 것이다. 엄마의 현명한 아동의 이해가 또 다른 사건을 만들지 않았다.

둘째 딸 가윤이와 나들이를 하다 보면 중간중간에 멈추어 서야 하는 경우가 많다. 다름이 아니라 꽃에 너무 관심이 많아 새로운 꽃, 예쁜 꽃을 보면 가던 길도 멈추고 한참을 자리에 멈춰서 지켜본다. 어떤 경우에는 여러 종류의 꽃이 피어 있는 길을 가다가 꽃 하나하나에 범추어 서서 이름을 묻고 사진을 찍어주다 보면 1시간 정도 걸린다. 아이가 둘이지만 그 성향이 매우 다르다는 것을 알게 된다. 첫째는 꽃이 예쁘다고 하면서 보고 지나가지만 둘째는 감탄에 빠진 상태로 집중력 있게 지켜보는 것이다.

부모로서 우리는 처음에는 가던 길을 가려고 독촉을 하였지만 지금은 특별한 일이 없으면 둘째가 하는 행동을 지켜봐준다. 아이가 느끼는 기쁨의 감정을 충분히 느끼도록 해주고 나아가 함께 느끼도록 노력한다. 가윤이가 커서 무엇이 될지는 알 수 없지만 지금 부모가 자신을 이해하고 기다려주는 것에 대해서는 기억할 것이다. 부모로부터 사랑을 받고 자신의 감정과 행동을 존중 받은 것을 기억한다면 사회를 위해 자신의 역량을 보다 더 잘 펼칠 것이라 생각한다. 부모의 입장에서 아이를 바라보지 말고 아이의 입장에서 바라보면서 아이의 감정을 진솔하게 이해하는 부모가 되기를 바란다.

3

부모가 믿어주는 만큼 아이는 자란다

어린 시절이 행복한 사람이 행복하다.

– 토마스 풀러

믿음으로 지켜봐주어라

일본의 요코하마의 나사례 숲 유치원에 간 적이 있다. 이 유치원은 두 군데에 유치원을 운영하였다. 한 곳은 일반적인 유치원과 같이 수업이 하는 곳이고, 다른 곳은 숲 체험을 하는 유치원이었다. 숲 체험 유치원에 있는 학생들은 1주일 내내 숲 체험 반에 속한 학생들도 있었고 1주일에 한두 번 일반 유치원에서 오는 반 학생들도 있었다.

나는 숲 유치원을 먼저 방문하였다. 내가 갔을 때 아이들은 선생님들과 교실에서 이야기를 나누고 있었다. 유치원을 담당하는 연세가 70세 정도 가량 되신 여원장님이 유치원에 대해 간략하게 안내를 해주셨다.

유치원 시설과 현황 그리고 교육 과정에 대해 말씀해주셨다. 시설을 소개시켜주시면서 취사실, 교실, 토론실 등을 보여주셨다. 여러 나라 유치원을 다니면서 느끼는 것이지만 유치원 시설 면에서는 우리나라가 매우 뛰어나다는 생각을 다시 한 번 했다.

우리가 설명을 듣는 동안 아이들이 산에 가기 위해 준비를 했다. 나는 일행과 함께 건물 밖으로 나와 아이들이 산에 오르는 모습을 지켜보았다. 아이들의 모자 색깔이 반마다 달랐다. 모자 색깔의 시작과 끝만 보아도 학반의 구분이 너무나 쉬웠다. 개미떼가 일렬로 지나가는 것처럼 만 3-5세 되는 아이들이 거의 잡담 없이 앞만 쳐다보면서 신속하게 길을 따라 나섰다. 우리 아이들도 일본의 아이처럼 질서를 잘 지키면 좋겠다는 생각이 드는 반면 너무나 자율성이 없어 보인다는 상반되는 생각이 들었다.

나는 아이들과 함께 숲을 따라서 올라갔다. 숲이라고 해야 유치원 바로 옆에 있었으며 무엇보다 산의 높이도 언덕 수준이었다. 나무들이 여기저기 자라 있고 아이들이 많이 다닌 곳은 길이 생겨 있었다. 인위적인 시설이라고는 경사진 비탈길을 잡고 올라올 수 있도록 줄만 하나 있었다. 숲을 빙 둘러보니 산등선에 경사가 급격하고 위험의 요소가 여기저기 보였다. 교사나 학생들 모두 그런 위험에 대해 개의치 않았다.

나는 조심스럽게 선생님 한 분에게 물었다.

"경사나 돌, 나무 등 위험한 요소가 너무 많은데 안전조치를 해야 하지 않나요?"

"이 모든 것이 자연의 일부입니다. 아이들은 스스로를 보호할 능력을 가지고 있습니다."

"선생님들은 몰라도 아이들은 어려서 다칠 것 같은데 괜찮다고 생각하시는 것인가요?"

"아이들을 믿어주면 크게 다치는 일은 없습니다. 간혹 넘어져서 무릎이 까지는 경우는 있으나 그러한 경험을 하고 나면 아이들 스스로 더 조심해서 안전사고가 일어나지 않아요."

교사들은 아이들을 불안한 존재로 인식하는 것이 아니라 믿고 스스로 주변의 환경을 통제할 수 있는 존재로 생각했다. 일본의 유아들이 교사들의 믿음을 바탕으로 자율성을 향상시키고 통제성이 증가한다면 우리의 아이들도 가능한 것이 아닌가? 부모가 아이들을 믿지 못하고 불안한 존재로 여기는 것이 아니라 한 인간으로서 믿음을 주면 스스로 어려움을 딛고 헤쳐 나올 수 있지 않을까 한다. 아이를 나약한 존재가 아닌 믿음을 가지고 지켜봐주는 것이 필요한 것이다.

부모의 믿음이 아이의 삶을 변화시킨다

나는 다른 부모들보다 아이들이 스스로 할 수 있다는 생각을 많이 가진 편이다. 가끔씩은 아내가 이런 나를 이해하지 못하는 경우가 있다. 나는 아이에게 선택의 폭을 많이 허용해주고 책임의 소재를 묻는다. 내 개인적으로는 쿨하고 나름 소신을 가지고 지켜봐주는 것이다. 어느 날 나는 딸 예지가 숙제를 하고 있지 않아 조용히 말을 했다.

"예지야, 너 숙제 있다고 했지 않니? 해야 할 것 같은데."

조용히 나를 쳐다보는 딸은 나에게 말을 했다.

"아빠는 나 못 믿어? 나도 다 알고 있거든. 걱정하지 마."

나는 이 말을 들으며 한편으로 머리가 띵했다. 내가 아이들을 믿어준다고 생각했는데 완전히 믿지 못하는 것을 깨닫게 해주었기 때문이다. 부모인 내가 믿어주어야 한다는 사실을 다시 한 번 공부하게 해준 것이다. 아이를 믿고 있다고 해서 아이들이 100% 다 하는 것은 아니다. 아니 못하는 경우도 많다. 하지 않은 것은 부모의 책임이 아니다. 온전히 아이의 책임이다. 부모는 믿어주고 아이가 잘 되도록 안내를 하는 것이다.

우리의 자랑스러운 위인 중에 한 분이 안중근 의사이다. 안중근 의

사는 1905년 을사늑약이 체결된 이후 1906년부터 계몽운동을 벌였다. 1907년 전국적으로 의병이 일어나자 강원도에서 의병을 일으켰다. 1909년 단지회라는 비밀결사를 조직하여 침략의 원흉 이토 히로부미를 암살하기 위한 계획을 세웠다. 그해 10월 26일 하얼빈역에서 이토 히로부미가 회담을 마친 뒤 환영 군중 쪽으로 갈 때 권총 3발을 쏘아 사살했고 "대한독립만세"를 외친 뒤 현장에서 체포되었다. 사형을 언도받아 1910년 여순 감옥(뤼순 감옥)에서 순국했다.

안중근 의사에 관한 활동은 자세히는 몰라도 설명한 것과 같이 많이들 안다. 안중근 의사가 이와 같이 중국의 백만 대군도 해내지 못한 일을 혼자서 해낸 것이다. 이와 같이 안중근 의사가 이토 히로부미를 저격할 수 있었던 가장 큰 원동력 중 하나가 어머니 조마리아 여사의 아들에 대한 믿음이라고 나는 생각한다. 조마리아 여사가 사형 집행을 앞둔 옥중에 있는 안중근 의사에게 보낸 편지를 살펴보면 어머니의 단호함과 믿음을 알 수 있다.

내가 어미보다 먼저 죽는 것을
불효라고 생각하면
이 어미는 웃음거리가 될 것이다.
너의 죽음은 너 한 사람 것이 아니라
조선인 전체의 공분을 짊어진 것이다.

네가 항소를 한다면

그건 일제에 목숨을 구걸하는 것이다.

네가 나라를 위해

이에 딴 맘먹지 말고 죽으라.

옳은 일을 하고 받은 형이니

비겁하게 삶을 구하지 말고

대의에 죽는 것이 어미에 대한 효도다.

아마도 이 어미가 쓰는 마지막 편지가 될 것이다.

너의 수의를 지어 보내니

이 옷을 입고 가거라.

어미는 현세에 재회하길

기대하지 않으니

다음 세상에는

선량한 천부의 아들이 되어

이 세상에 나오거라.

이 편지글을 읽으면 조마리아 여사의 말하지 못하는 아픔이 전해져온다. 하지만 어머니의 믿음으로 100년이 지난 현재 우리 후세들은 안중근 의사를 영웅으로 기억한다. 엄마의 믿음이 지금 당장은 힘들고 어려울 수 있으나 우리가 생각하는 이상으로 아이들을 성장시킨다. 부모가 믿어주는 만큼 아이들이 성장한다는 믿음을 부모 스스로 가지고 아이들을 믿어주는 것이 중요하다.

4 화가 날수록 아이의 입장에서 생각하라

형제간의 두뇌 비교는 둘 다 해치지만 개성의 비교는 둘을 살린다.

– 유태 격언

한 번의 화가 모든 것을 망친다

나는 나 중심으로 생각하기보다는 일반적으로 역지사지라는 생각을 가지고 다른 사람 입장에서 생각하려고 노력을 많이 한다. 내가 그를 바꿀 수 없으니 그에게 도움되는 일을 하자고 생각하고 행동한다. 양육을 하다 보면 화가 나는 경우가 있다. 부정적 감정의 기원은 타인으로 인한 것이 아니라 '나'로부터 시작을 한다. 누가 나를 욱하게 하더라도 그것이 실상 아이라도 욱하는 감정을 소화하지 못한 것은 내가 원인이고 나 자신의 문제인 것이다. 이것을 이해하는 것이 정말로 중요하다. 이러한 해결되지 않은 파괴력을 지니고 있는 분노나 욱하는 감정을 소화시키지 못한 상태에서 스스로 소화하지 못한 분노를 남에게 전가할 권리는 없다.

"애가 너무 말을 안 들어요.", "애가 너무 징글징글해요." 하면서 부모 자신이 화를 내는 것을 너무나 당연히 여긴다. 내가 화가 나는 내 마음 속에 있는 부정적 감정의 덩어리를 너무나 쉽게 아이에게 전가하는 것이다. 같은 상황에 있더라도 그 상황에서 욱하지 않는 부모가 있다. 부모가 화가 날 수 있는 상황에서 도를 닦는 사람처럼 모든 것을 해탈한 것처럼 생활하고 기분을 유지할 수는 없다. 그러나 아이에게 화를 낸다는 것은 내가 가장 사랑하는 내 주변에서 가장 약자한테 분노를 표출하는 것이라는 것을 명심해야 한다.

우리 집 아이가 나의 별명을 '사랑하는 버럭이 아빠'라 지어주었다. 이 별명을 들으면서 나의 기분은 매우 묘하였다. 아이들과 이야기를 하면 언제 아빠의 언성이 높아지는지에 대해서 정확히 알고 자신의 잘못인지도 안다고 한다. 하지만 화내는 아빠 자체가 싫다고 했다.

아이에게 100가지를 잘해주다가 한 가지를 잘 못해주면 잘해준 99가지를 기억하는 것이 아니라 잘 못해준 1가지를 기억한다. 아이의 입장에서는 99가지 잘해주는 것도 중요하지만 안전기지가 되어야 할 부모가 화를 내는 것이 더 안 좋을 수 있다. "엄마가 참고 참았는데 오늘은 못 참겠다." 이렇게 화를 내고 욱하는 것은 좋지 않다. 아이에게 강렬하게 기억이 남는 것은 욱하고 화를 내는 부모라는 것을 기억해야 한다.

화가 나면 화가 나는 것은 아이의 문제가 아니라 나의 문제라고 생각해야 한다. 이것은 누가 촉발을 했든 아니면 내가 과하게 반응을 했든 이 반응의 시작이자 원천은 나이고 나의 문제이다. 결국은 내가 해결해야 할 문제이다. 이러한 것을 이해했다고 해서 이해와 함께 하루아침에 100% 화가 사라지는 것은 아니다. 그러나 문제의 근원이 나임을 알고 인정하는 것이 중요하다. 우리가 문제를 가지고 있을 때 문제의 원인을 남에게 귀결시키지 말아야 한다. 즉 남 탓을 하지 말아야 한다. 부모의 경우에는 아이의 탓을 하지 말아야 한다. 그렇다고 자책을 하라는 것은 아니다. 언제나 한 발 물러서서 자신을 관찰하고 성찰하는 능력을 키우는 것이 중요하다. 내가 아이에게 화를 내는 상황을 스스로 데이터로 모으고 살펴보고 화를 내지 않도록 해야 한다. 혹시나 화를 내면 화를 내는 순간을 인지하고 중지해야 한다. 나의 마음에서 상황을 판단하고 해석하지 않아야 한다. 아이의 입장에서 아이의 마음을 헤아린다면 화를 내는 순간에 화를 정지할 수 있고 줄일 수 있다.

화를 내는 교육은 도움이 되지 않는다

아이에 대한 정의는 역사적으로 다양하게 변화되었음을 안다. 아이가 태어날 때는 부모의 도움이 필요하고 순박하고 흰 백지와 같은 존재이다. 흰 백지 상태인 아이는 어떤 색깔을 접하느냐에 따라 변화가 생긴다. 예를 들어 빨간색 물감을 접하면 빨간색, 노란색을 접하면 노란색이 된다. 부모는 아이가 잘 모르고 한 행동을 '화'라는 색채로 아이에게 색칠을 하게 되면 아이는 '화'라는 색이 입히게 된다. 부모가 '화'라는 색을 칠했다고 하더라도 아이들에게 금방 잘해주면 색이 원래대로 변할 것이라 생각한다. 흰 바탕에 그 어떤 색이든 칠하거나 물들이면 쉽게 원하는 색깔로 변화시킬 수 있다. 흰색에 노란색을 물들이면 노란색이 되고 빨간색을 물들이면 빨간색이 된다. 하지만 한번 노란색으로 변화된 색을 다시 내가 원하는 파란색으로 변화시키려고 노란색 위에 덧칠을 하면 내가 원래 원하던 색이 나오지 않는다. 색의 혼합으로 내가 원하지 않는 색이 만들어지거나 혹은 엉망이 될 수 있다. 처음에 색을 물들이는 것은 쉽지만 한번 물들여진 색을 원하는 색으로 변경시키는 것은 어렵다.

아이의 경우에도, 부모가 아이에게 처음에는 원하는 성향의 색깔을 입히기는 쉬우나 형성된 아이의 성향을 변경시키는 것은 어렵다. 아이에게 화를 낸다면 아이의 입장에서 아이에게 어떤 영향이 끼칠 것인지 고려하고 행동해야 한다. 처음은 쉬우나 형성된 것을 변화시키는 것은 어렵다는 것을 기억해야 한다. 아이들에게 어떠한 행동을 한다는 것은 아이의 삶을 조형시킨다고 생각해야 한다. 내가 내는 화가 아이에게는 치명적인 상처가 되고 씻지 못한 기억으로 남을 수 있는 것이다.

고등학교 시절에 지리 선생님이 계셨다. 이분은 수업 시작 전에 지난 시간에 배운 것에 대해 질문을 하셨다.

"영동 지역에서 영서 지역으로 부는 바람의 이름은 무엇인가?"

쉬운 문제이지만 아이들은 잘 기억해내지 못했다.

"다음, 다음, 뒤, 옆 사람."

공부를 열심히 하라는 마음은 충분히 이해를 한다. 하지만 수업 시간에 질문에 대답을 못하면 바로 따귀를 맞았다. 열심히 하라는 의미지만, 맞고 난 뺨에는 커다라고 뻘건 형태의 손자국이 선명하게 남았다. 수업 시간에 친구들이 대답을 잘 하지 못하면 선생님은 더욱더 화를 내시며 뺨을 때리셨다. 말 그대로 지리 수업 시간이 되면 시작하기 전 쉬는 시간에는 친구들이 자리에서 움직이지도 않고 달달 복습했다. 그러한 노력에도 불구하고 험악한 분위기 때문인지 나 또한 질문을 받게 되면 자연스럽게 머리가 백지가 되었다. 즐거운 수업이 아니라 말 그대로 공포의 수업이었던 것이다. 지금은 친구들끼리 만나서 고등학교 시절 지리 수업 시간 이야기를 웃으면서 한다. 가슴 한편에서는 목적이 아무리 좋았다하더라도 뺨을 사정없이 때리는 것은 옳지 않다고 이야기한다. 친구들 중에는 이제는 고인이 되신 선생님에 대해 좋은 추억을 가지기보다 분노를 삭이지 못한 친구들이 더 많다.

선생님은 열심히 공부를 해서 좋은 대학을 가라는 의도였다. 분명 수업 시간마다 재미로 아이들의 따귀를 때리지는 않았을 것이라 생각한다. 그 의도가 얼마나 좋았든지 간에 아이들은 그 수업이 너무 싫었고 마지못해 하는 과목이 되었다. 우리에게 과목을 선택할 권리가 있었다면 절대로 그 과목을 선택하지 않았을 것이다. 본인이 열심히 가르쳤지만 학생들이 잘 대답하지 못한 것에 화가 날 수 있다. 하지만 학생들의 입장을 생각해본 것 같지는 않다. 지금 나이가 어느 정도 들었던 시기의 일인데도 불구하고 부정적인 행위에 대해서는 이처럼 어제의 일처럼 생생하게 기억을 한다.

부모가 자식들에게 화가 나는 순간이 많다. 나와 관계와 없는 사람과는 다툴 리가 없다. 내가 옆 동네에 사는 아이를 야단치거나 혼을 낼 일은 없다. 나와 직접적인 관계가 있고 누구보다 소중하기에 화를 내는 것이다. 사랑의 반대말이 증오가 아닌 무관심이기에 화를 낸다는 것은 사랑의 다른 표현일 수 있다. 그렇다고 하더라도 부모의 입장에서는 아이의 마음을 헤아리면서 아이에게 조언하고 안내를 해야 할 것이다. 화를 낸다는 것은 아이에게 어쩌면 가르침을 주는 것이 아니라 마음의 상처를 심어주는 행위일 수 있기 때문이다.

5

부모가 먼저 아이를 존중하고 배려하라

어린이 교육은 공부하고 싶은 마음과 흥미를 북돋워주는 것이 가장 중요하다.
그렇지 않으면 책을 등에 진 나귀를 기르는 꼴이 되어버린다.

– 몽테뉴

적절하게 아이를 존중하라

우리는 말의 품격으로 사람을 대하는 태도를 알 수 있다. 존댓말을 하는지, 반말을 하는지, 일상어를 하는지에 따라 대하는 사람이 다른 것이다. 아이를 대할 때는 우리는 어떤 말로 하는 것이 좋을까? 주변에 보면 아이에게 부탁을 하거나 특별한 경우에 "해야지요.", "그러면 안 되지요."라고 말을 하면서 일상적인 경우에 존댓말을 일상적으로 사용한다. 나는 아이에게 반드시 존댓말을 해야 한다고 생각하지는 않는다.

예전에 MBC에서 방영한 〈무릎팍 도사〉라는 프로그램에서 의사이자 컴퓨터 바이러스 전문가, 국회의원인 안철수의 어린 시절의 일화를 TV

에서 본 적이 있다. 안철수의 어머니는 어린 시절부터 안철수에게 절대적인 존댓말을 했다. 안철수가 학교에 늦어 택시를 간 적이 있었다. 그 당시의 안철수와 어머니의 대화이다.

"조심해서 잘 다녀오세요."

"예, 그렇게 하겠습니다."

"저녁에 뵙도록 하겠습니다."

택시를 운전하시던 분이 학생인 안철수에게 조심스럽게 물었다.

"집에서 일을 돌봐주시는 분이신가보지요?"

"아니요, 저희 어머니이십니다."

"참으로 대단한 어머니이시네요."

택시 기사는 무척이나 놀라면서 안철수에게 말을 했다. 지금의 안철수가 있고 한때 젊은이들의 우상이자 대통령 후보까지 된 것이 어머니가 아이를 존중해서 되었다고 말할 수도 있을 것이다. 그러나 나의 생각에는 아이에게 너무 극존칭보다는 필요와 상황에 따라 적절하게 존중받고 있다는 생각을 심어주는 것이 중요하다고 생각한다. 요즘 같은 시기에는 아이들이 마마보이로 생각할 수도 있고 학교 폭력의 빌미를 제공할 수 있다. 시대의 흐름에 따라 대화의 방식도 변화가 되어야 한다. 이렇게 생각한 계기가 있다.

어느 날 식당에 점심식사를 하러 간 적이 있다. 12살 정도의 남자 쌍둥이와 부모가 식사를 하고 있는 중이었다. 우연치 않게 그들을 대화를 듣게 되었다.

"소자, 지금부터는 열심히 하도록 하겠습니다."
"예, 그렇게 하시지요."
"그러면 저는 그렇게 알고 말씀대로 하겠습니다."

짧은 대화였지만 나에게는 조선시대로 회귀를 한 느낌이었다. 쌍둥이들이 무척이나 예의가 바르고, 바른 아이들이라는 것을 알겠다. 하지만 왠지 모를 이질감이 느껴졌다. 나만 그런 생각을 한 것은 아닌 것 같았다. 주변의 다른 사람들도 그 가족을 흘낏흘낏 쳐다보았다. 그 가족이 잘못하거나 남에게 피해를 준 것은 아니었다. 정말로 예의범절의 표본을 보여주었다. 하지만 내 개인적으로는 가족 간의 거리감이 느껴졌다. 내가 하는 방식이 반드시 옳지는 않다. 아이들에게 존중의 의미를 보여주고 때로는 친근감의 말을 표현하는 것이 더 좋다고 생각된다.

자식과의 관계도 인간관계이기에 적절하게 유지하는 것이 좋다. 물론 천륜이기에 부모와 자식관계는 끊을 수 없고 그 어느 관계보다도 친밀하다. 자식들이 성인으로서 성장하기 전까지는 부모는 싫든 좋든 간에 아이들을 잘 키워야 하는 의무가 있다. 우리나라는 부모와 자식 사이가 너무 밀착되어 분리되지 않는 경우가 많다. 서양의 경우에는 나이가 20살이면 독립을 해서 자신의 삶을 개척해나가는 시기이다. 하지만 우리나라의 경우에는 20살은 여전히 아이이고 30살이 되어도 어머니의 품에서 벗어나지 못하는 경우가 허다하다. 부모가 자식에 대해 기대를 가지는 것은 이해하지만 끝도 없이 책임을 질 수 없다.

자녀와의 관계도 난로다

부모와 자식, 친한 친구, 주변의 관계를 말할 때면 나는 혜민 스님의 『멈추면 비로소 보이는 것들』이란 책을 늘 상기한다. 혜민 스님은 인간관계를 난로로 표현을 하셨다. 지금은 만화나 영화에서만 나오지만 초등학교, 중학교 시절에 겨울철이 되면 교실 앞에 난로를 설치했다. 봄, 여름, 가을 동안에는 없다가 겨울바람이 불어오면 선생님의 지시에 따라 학교에서 나누어주는 연통과 난로를 가지고 선생님과 낑낑거리면 난로를 설치했다. 추운 날씨를 이기기 위해 난로를 설치했지만 학반 전체에는 크게 도움이 되지 않았다. 난로는 앞쪽에 있을 뿐만 아니라 석탄과 나무로 난로를 때웠기 때문에 열전도 효과가 그리 크지 않았다. 난로 바로 앞에 앉은 친구들은 너무 뜨거워서 땀을 흘리며 힘들어하고 멀리 떨어져 있는 친구들에게는 난로가 전혀 효과가 없어 손을 비벼가며 수업을 했다.

혜민 스님의 책에서 난로에 너무 가까이 있으면 뜨거워서 화상을 입을 수 있고 너무 멀면 열기가 전달되지 않아 아무 도움이 되지 않는다고 했다. 인간관계도 너무 가까우면 친하다고 할 수 있으나 의도치 않게 상처를 줄 수 있고, 너무 멀면 관계가 소원해져서 아무 의미가 없을 수 있다고 했다. 난로의 열기를 적절히 이용하기 위해서는 너무 가까이도, 너무 멀리도 아닌 적절한 거리를 유지하는 것이 중요하다. 인간관계에 있어서도 너무 밀착하거나 너무 도외시해서는 안 된다. 인간관계에서도 적절한 관계를 유지하는 것이 그 어느 것보다 중요하다. 부모와 자식 간의 관계란 자식이 부모의 의도대로 100% 따르는 것이 좋은 것이 아니다. 부모는 자식을 너무 내 자식, 내 새끼라고 해서 모든 것을 방어해주려고 하면 아이가 진정으로 독립된 인격체로 성장하기가 쉽지 않다.

부모의 입장에서는 조금은 섭섭할 수도 있으나 아이를 너무 밀착시켜서 양육하기보다는 약간의 거리를 두는 것이 좋다. 거리를 둔다고 해서 소원하라는 것이 아니다. 아이를 하나의 독립체로 보고 그들을 존중하고 배려하면서 양육하자는 것이다. 영 · 유아, 어린이들은 자신의 의견이 100% 맞을 수는 없으나 아이들의 의견을 경청해주고 배려해주는 것이 우리가 키우는 아이를 올바르게 키우는 방식인 것이다. 관계에서 거리를 두고 아이를 바라본다면 아이의 마음을 현명하게 볼 수 있고 그들의 마음을 이해할 수 있는 것이다.

부모의 입장에서 눈에 넣어도 아프지 않는 존재가 바로 아이들이다. 그렇기에 있는 정성, 없는 정성 다해서 아이를 키운다. 이러한 부모의 노력에도 불구하고 아이들이 내가 기대하는 만큼 잘되지 않는 경우가 많다. 부모의 입장에서는 너무나 속상하고 화가 나는 경우이다. 부모가 아이를 이해하고 배려한다는 것은 또 다른 측면에서는 하지 말아야 하는 말이나 행동을 안 하는 것이다.

아이들이 내가 원하는 만큼, 기대한 만큼 일상에서 하지 않더라도 극단적인 말을 하지 않는 것이 좋다. 극단적인 예이지만 공부를 제대로 하지 않는다고 "그럴 것이면 집을 나가라.", "나는 너 못 키우겠다."라고 말을 하지 말아야 한다. 인간사는 알 수 없는 경우가 있다. 혹시 그 말과 상황이 절묘하게 타이밍이 맞아 좋지 않은 상황이 발생할 수 있다. 내 말로 인해 발생하지 않았더라도 평생의 짐을 지고 갈 수 있다. 아이가 나갔는데 교통사고가 나서 죽었다든지 다른 안 좋은 일이 발생할 수 있기 때문이다.

부모는 아이를 나의 소유물이 아니라 하나의 인격체로서 존중하고 배려를 하는 것이 중요하다. 이러한 부모의 노력은 아이들이 객체가 아닌 주체로 살아가게 하고, 무엇보다 부모들이 기대하는 이상의 삶을 펼칠 수 있게 한다.

6

아이의 성장을 기다려주는 부모가 되라

오늘 심고 내일 자라기를 바라지 마라.

– 영화 〈늑대아이〉

부모는 보조자로서 도와라

아이가 성장한다는 말은 아이가 가지고 있는 적절한 발단 단계를 잘 밟아가고 있다는 말이다. 아이의 성장이 부모의 마음에 들지 않을 때가 있다. 어떤 경우에는 아이에게 문제가 있기도 하다. 아이에게 문제가 있으면 천천히 문제를 해결하고 긍정적으로 성장할 수 있도록 해주면 된다. 문제는 아이도, 부모도 모두 가질 수 있다. 문제가 있다면 문제에 매이지 않고 문제를 해결하면 된다. 어떤 부모의 경우에 정작 문제를 걱정만 하고 있다.

부모의 입장에서 아이가 올바르게 성장하도록 하기 위해서 다그치는 경우가 있다. 자신의 몸도 바꾸기 어려운데 부모가 말한다고 해서 잘 바뀌지 않는다. 인간은 원래 남의 말을 잘 듣지 않는다. 바꾸고자 한다면 우선 자신에 대한 통찰이 이루어져야 한다. 머리로 알고 인지한다고 해도 행동으로 변화되는 것이 쉽지 않다. 화를 내지 말아야지 하면서 화를 내고 좋은 말을 써야지 하면서 화를 내지 않는가? 부모의 입장에서는 아이가 올바르게 선택하고 성장하도록 기다려주어야 한다. 아이가 말을 시작할 때 쿠잉, 옹아리, 한두 단어, 문장 등의 순서로 말하듯 아이의 성장에는 순서가 있다. 부모가 아무리 아이에게 좋다고 하는 것을 가르치려고 해도 아이가 받아들일 준비가 되어 있지 않으면 말짱 꽝이다. 아이의 삶은 엄마의 삶의 레이스가 아니고 아이의 삶의 레이스이다. 부모가 아무리 답답하고 속이 상한다고 해도 때를 기다려야 한다. 부모가 해주고 싶어도 해줄 수 있는 삶이 아니다.

영아에서 유아로 아이가 성장해가면서 숟가락 사용하는 방법을 배운다. 우리 아이들도 마찬가지였다. 식사 시간이 되면 아이는 자신이 숟가락으로 밥을 먹고 싶어 했다. 아이가 스스로 밥을 먹는다고 하는 행동은 대단히 대견스러웠다. 인간이 되어간다는 생각조차 들었다. 아이가 밥을 먹는 과정을 보면 답답해 도움을 주고 싶었다. 첫째, 먹는 양보다 흘리는 양이 더 많았다. 그로 인해 밥을 먹고 난 뒤 치워야 하는 일거리가 새로 생겼다. 둘째, 밥을 먹는 시간이 먹여주는 시간의 몇 배나 더 걸렸다.

30분이면 될 시간을 1-2시간이 되는 것이다. 시간적으로 생각하면 너무나 비효율적인 것이다. 하지만 부모인 내가 이 과정을 기다려주지 않고 지금까지 우리 아이에게 밥을 먹여주었다면 우리 아이는 밥을 혼자 먹을 수 있을까? 아마도 쉽지 않을 것이다. 아이가 새롭게 배우고 익혀 나가는 데는 시간과 노력이 걸린다. 그 과정에서 부모의 마음에 들지 않는 경우가 많지만 기다려야 한다.

부모는 언제나 우리 아이가 실수 없이 무난하게 잘 자라기를 바란다. 도움을 요청하지 않았는데도 아이에게 조언을 하고 대신해주려는 경우가 있다. 그 순간은 좋은 부모로 느껴질 수 있으나 아이의 삶의 항해로 보면 방향타를 잘못 돌리는 형태이다. 아이들이 실수를 하고 조언을 구할 때 도와줘라. 이때도 너무 가르치려고 하지 말라. 자신의 기준을 아이에게 적용시키려고 하면 반사되어 튀어나간다. 필요한 만큼만 해주면 된다.

부모가 아이의 성장을 믿고 기다리지 못하는 것은 걱정하기 때문이다. 미리 걱정을 하지 말아야 한다. 남들이 나에게 애정 결핍이라고 문제를 제기할 수 있다. 내가 애정결핍이 아니라고 생각하면 아닐 수 있다. 만약 애정 결핍이라고 생각을 하면 주저하지 말고 애정을 주면 된다. 아이에게 당장 보이는 문제가 있다고 문제를 없애는 데 초점을 두지 말아야 한다. 부모는 문제가 발생할 때 문제를 해결하려는 여유를 가지고 기다려 주어야 한다.

지금의 아이들은 정말로 많은 학원을 다니면서 공부를 한다. 부모들은 아이들에게 계속 공부하라고 다그치면서 동시에 내가 지금 잘 하고 있는지에 대한 확신이 서지 않아 걱정을 하고 있다. 어찌 보면 당장에 일어나지도 오지도 않은 일을 걱정하고 있는 것이다. 유치원에 다니는데 15년 뒤에 있을 대학입시를 걱정한다. 아이가 공부를 제대로 하고 있는가? 대학 입시는 어떻게 변할 것인가? 아이가 이렇게 생활을 하면 장가, 시집을 갈 수 있을까? 자기 밥벌이는 할 수 있을까? 등이다. 이런 걱정을 하지 말고 기다리다가 내가 할 수 있는 것을 하면 된다.

성장을 위해 기다림은 필요하다

부모지만 못하는 것이 있을 수 있다. 못하는 것은 너무나 당연한 일이다. 우리는 모든 것을 잘 해야 한다는 생각을 가지고 있어 일상에서 너무 힘이 든다. 주말에 비가 오면 어떻게 하지?, 내가 하려고 하면 왜 이렇게 되지?, 나는 늘 이래. 이런 비합리적인 신념을 버려야 하는 것이다.

아이가 친구가 없는데 왕따에 대해 검색을 통해 지식을 얻으려고 한다. 그러나 이 문제를 제대로 해결하기 위해서는 선생님과 대화를 하거나 왕따 시키는 친구에 대해 알아보거나 아이와 좀 더 대화를 해야 한다. 당장 지금 내가 제대로 할 수 있는 것을 하여야 하는 것이다. 지금 당장하지 않더라도 중요한 내용이 있다면 메모를 해두어야 한다. 인간은 망각의 동물이기에 그 시기에는 기억하지만 잘 잊어버리기 때문이다. 내가 할 수 있는 것에 대해 충실히 하고 잘 안되면 다른 것을 해보면 된다. 당장 아이와 즐기고 행복할 수 있는 것을 하는 것이 좋다. 도움을 줄 수 있는 것을 하는 것이 좋다. 아이를 믿고 아이에게 시간을 주고, 나는 나대로 도움을 주면 된다.

아이가 하고 싶어 하는 것을 모두 해주면 좋겠지만 그렇게 해줄 수는 없다. 아이가 원하는 것을 다 해주면 아이의 입장에서는 소중함이 많이 사라지고 기다림을 알지 못한다. 아이의 성장을 위해서는 부모의 기다림도 필요하지만 아이도 자신의 욕구를 참고 기다리는 기다림의 시간이 필요하다.

"엄마, 내 방은 언제 해줄 거야?"

"네가 2학년이 되고 혼자 지낼 수 있을 때가 되면."

"치, 아직 2년이나 남았네."

예지는 7세가 되던 어느 날인가부터 침대와 책상이 있는 자신의 방을 갖고 싶어 했다. 우리는 공부할 준비도, 혼자 잘 준비도 되지 않았다고 생각해서 협의를 통해 2학년 때 사기로 했다. 1학년이 되었을 때 떼를 쓰면서 사고 싶다고 했지만 약속과 함께 혼자서 자고 책상에서 공부를 할 수 있는가의 물음에 1년을 더 기다렸다. 마침내 2학년 5월이 되었을 때 다시 우리에게 말을 했다.

"이제 책상을 사줄 거죠?"
"응, 지금 사러 가자."

아이는 들뜬 마음에 여러 군데의 매장을 둘러보고 마침내 마음에 드는 침대와 책상을 골랐다. 며칠이 지난 후에 아이는 책상과 침대가 갖추어진 자신의 방을 가지게 되었다. 아이의 표정만 보더라도 행복감이 너무나 가득하게 보였다. 만약 아이가 원한다고 7세 때 아이의 방을 만들어주었다면 지금처럼의 표정을 가지지 못했을 것이다. 응당 당연한 것으로 여겼을 것이다.

아이가 성장하기 위해서는 성장통을 가진다. 부모의 입장에서 아이가 힘들어하는 것을 잘 보지 못한다. 이에 쉽게 해결해주려고 한다. 하지만 진정한 아이의 성장을 원하고 위한다면 반드시 성장을 위한 부모의 기다림이 동반되어야 한다.

서정주 시인의 「국화 옆에서」라는 시를 생각할 필요가 있다.

한 송이의 국화꽃을 피우기 위해
봄부터 소쩍새는
그렇게 울었나 보다

한 송이의 국화꽃을 피우기 위해
천둥은 먹구름 속에서
또 그렇게 울었나 보다.

그립고 아쉬움에 가슴 조이던
머언 먼 젊음의 뒤안길에서
인제는 돌아와 거울 앞에 선
내 누님같이 생긴 꽃이여.

노오란 네 꽃잎이 피려고
간밤엔 무서리가 저리 내리고
내게는 잠도 오지 않았나 보다.

7

아이의 마음속까지 보듬어주라

아이는 어릴 때 엄하게 가르쳐야 하나, 아이가 무서워하는 일이 있어서는 안 된다.

– 탈무드

다양한 상황을 이해하라

상담의 시류 중에서 다문화 상담이 있다. 다문화라고 하면 우리 머릿속에 금방 떠오르는 것은 다문화가족을 떠올린다. 이러한 생각은 너무 협소한 것이며 실제로 계층, 소득, 가족 형태가 다른 모든 것을 다 포함한다. 그러기에 자신이 살고 있는 문화에 따라서 삶의 질, 삶의 방식, 사고의 차이가 있을 수밖에 없다. 부모의 입장에서는 다른 문화에 속해 있는 사람을 동경하고 그 문화를 따라 하려다가 아이의 마음을 헤아리지 못하는 경우가 있다.

말레이시아의 TRAUS 대학 부속 보육대학인 CECE를 방문한 적이 있다. CECE는 중국 화교인들이 세운 보육 교사 및 유치원 교사 양성소인데 이곳에서 유치원 및 어린이집도 함께 운영하였다. 대부분의 영유아들은 화교 아이들이었지만 그 중에 몇몇은 말레이, 인도계 아이들도 있었다. 어릴 적부터 다양한 문화의 아이들과 함께 살아가기 때문에 각 문화를 존중한다고 했다. 화교계 유치원이었기에 수업할 때 수업 시간에 맞게 영어, 말레이어, 중국어를 사용했다. 나에게는 참으로 흥미로운 장면이었다. 각각 다른 언어를 이해하는 것도 신기했고, 무엇보다도 3명의 아이들이 대화를 하는데 영어, 중국어, 말레이어를 섞어서 대화를 했다. 나는 교사에게 언어를 3가지를 배우고 쓰면 헷갈리지 않느냐고 물었다. 약간 이해가 되지 않는 표정을 하면서 집에서는 중국어, 집 밖에서는 말레이어, 영어를 사용하기 때문에 크게 어려움이 없다고 했다. 3가지 언어는 기본적으로 한다고 했다. 그 말을 듣는 동안 나는 영어를 배우기 위해서 엄청난 돈을 쏟는 우리 교육에 대해 생각을 했다. 이런 대화를 선생님과 하는 동안 아이들의 간식 시간이 되었다. 집에서 가지고 온 스낵들을 가방에서 꺼냈다. 그리고는 몇몇 아이들은 교실 밖을 나와 쪼그려 앉아 스낵을 먹었다. 먹는 모습이 귀엽기도 했지만 교실에서 먹지 못하고 불편한 자세로 먹어 마음이 매우 불편했다. 이러한 나의 표정을 선생님이 읽었는지 이유를 말해주었다.

"우리 말레이시아는 열대 지역입니다. 그래서 벌레가 상당히 많습니다. 우리는 될 수 있으면 벌레들이 모여들거나 생기지 않도록 신경을 많이 씁니다. 아이들이 공부하는 교실에서 과자를 먹으면 부스러기가 떨어져 많은 벌레들이 모여듭니다. 아이들의 건강에 문제가 생길 수 있어 밖에서 먹게 하고 있습니다."

나는 이 설명을 듣고 모든 것이 이해가 되었다. 만약 내가 밖에서 먹는 이 장면만 보았다면 나의 편협한 생각으로 이들을 무시했을 수도 있다. 이들의 삶을 제대로 알지 못하면서 나의 생각으로 예단했을 것이다. 부모는 어느 누구보다도 아이들을 잘 안다. 하지만 가끔씩은 자신의 생각으로 아이들의 마음을 판단한다. 아이들이 부모가 만들어놓은 문화에 살더라도 다르게 생각할 수 있으니 부모는 아이를 보다 깊이 이해하도록 해야 한다.

사회가 급변하고 경쟁사회가 되다 보니 부모들은 자식들에 대해 걱정을 많이 한다. 하지만 아이의 마음을 헤아리면 너무 많은 걱정을 하지 않기를 바란다. 예전의 우리 부모들은 아이들이 TV 시청, 동네에 있는 오락실 가는 것, 만화방에 가는 것이 큰 문제였다. 시대가 변화되어 요즘은 PC방 가는 것, 스마트폰으로 게임하는 것이 문제이다. 예전에 문제라고 했던 사안들은 거의 사라져버렸다. 그보다 그 당시 부모들이 걱정했던 많은 아이들이 지금 이 사회에서 제대로 자신의 몫을 하고 있다.

나 또한 막내 삼촌과 살면서 만화책을 정말로 많이 읽었다. 삼촌이 동네 만화방에서 박봉성, 고행석 만화가의 만화 전집을 빌려오면 늦은 밤까지 만화책을 읽었다. 만화책을 읽는 것을 싫어하신 어머니 때문에 만화책을 이불 밑에 숨겨두고 한 권, 한 권 꺼내서 읽었다. 그 당시는 만화라고 하면 잘못된 것, 일상에서 이탈하는 행동, 해로운 것으로 생각했다. 나는 만화를 통해 어른들의 삶을 알아갔고 대학 생활의 낭만을 꿈꾸었다.

나는 만화를 통해 내가 직접 경험하지 못하는 간접적인 경험의 세계를 이해하게 된 것이다. 만화 속에서 보았던 중요한 장면들이 아직도 가슴에 남아 있고 현재도 나의 삶에 많은 긍정적인 영향을 미친다. 지금 돌이켜보면 어머니는 우리가 공부를 하지 않고 만화를 읽었던 것을 아셨을 것이다. 그냥 모른척하고 읽도록 해주는 지혜를 발휘하신 것이다. 만약에 공부를 안 하고 만화책만 본다고 책을 다 버리고 화를 내셨다면 나와 어머니의 관계가 좋았을 것인가? 지금 내가 이러한 내용을 책에 쓸 수 있을 것인가? 아마도 불가능할 것이다.

부모의 입장에서 자식인 우리를 이해하고 충분히 즐길 수 있도록 기회를 주신 것이다. 지금의 부모님들도 나의 어머니처럼 현명하게 아이의 마음을 보듬어주면 좋을 것 같다. 그렇게 된다면 엄마가 생각하는 것이 당장은 일어나지 않더라도 시간이 흘러 더 좋은 결과가 나올 수 있기 때문이다.

부모는 처음이지만 아이의 마음을 보듬자

'부모로서 나는 과연 잘 하고 있는가? 아이의 마음을 잘 이해하고 올바르게 양육을 하고 있는가?' 하는 걱정을 많이 한다. 이 글을 읽고 있는 독자들은 〈우리아이가 달라졌어요〉라는 육아 훈육 프로그램에서 아이들의 잘못된 태도를 "안 돼, 안 돼." 하면서 한순간에 변화를 시켰던 '양육의 마법사' 오은영 정신과 의사를 아실 것이다. 육아 전문가인 오은영 정신과 의사는 저서『불안한 엄마, 무관심한 아빠』에서 솔직하게 고백한다.

"저도 어머니랑 같아요. 저도 아이를 키우는 게 두렵고 불안합니다."

육아 대가의 이러한 고백은 솔직히 놀랍다. 누구나 부모가 되면 옆에서 훈수 두는 것과 다르다. 객관적으로 생각해야지 하면서도 부족한 부분이 떠오르고 내가 잘못해서 이러한 결과가 생기지 않았나 하는 생각도 하게 된다.

그러니 혹시 내가 잘 몰라서, 내가 부족해서라고 생각하시는 부모님들은 마음의 부담을 내려두어도 된다. 평생을 공부하고 노력을 하는 전문가도 두려움을 느끼는데 처음 부모가 된 여러분들이 어려움을 겪는 것은 어찌 보면 너무나도 당연할 수 있다. 아이가 이 세상에 처음 나온 것과 마찬가지로 엄마도 부모가 처음된 것이다. 그래서인지 부모의 나이는 아이의 나이와 같다는 이야기가 있다. 아이가 영아면 엄마는 영아이고, 아이가 초등학생이면 엄마도 초등학생이 된다. 엄마는 아이와 함께 성장을 해나가기 때문이다.

부모가 아이와 성장을 한다고 하더라도 아이와 같을 수는 없다. 부모는 아이를 돌보아야 하는 보호자이다. 아이가 잘 먹지 못하면 먹을 수 있도록 해야 하고, 슬픈 일이 있으면 함께 나누어야 한다. 부모는 이 사회의 어떤 존재보다도 중요하다. 특히 내 개인적인 생각으로는 엄마는 더욱더 중요하다. 아이가 태어나기 전부터 아이와 같이 호흡을 하고 같은 음식을 먹고 감정을 공유했기 때문이다. 엄마의 삶이 아이에게 끼치는 영향은 실로 말을 할 수 없을 만큼 지대하고 크다.

아이는 사람이지만 아직 인지가 제대로 다 발달되지 않은 상태이다. 그래서 20세가 되지 않은 사람을 우리는 '성인'이 아닌 '미성년자'라고 부른다. 아이는 자신의 마음도 제대로 알지 못하고 이리저리 움직인다. 엄마는 마음을 갈대처럼 움직인다고 아이를 다그치거나 야단치지 말고 그렇게 움직일 수밖에 없다는 사실을 인식하고 아이의 마음을 헤아리고 보듬어주는 것이 필요하다. 이러한 관심은 한 아이가 자신이 이 세상에 가지고 나온 사명을 보다 충실하게 해낼 수 있는 기틀을 제공해준다.

아이가 엄마의 뱃속에서 나오면 나와는 전혀 다른 존재라는 것을 인정해야 한다. 성별도 다를 수 있고 생김새도 다를 수 있고 기질도 다를 수 있다. 아이는 하나의 독립된 귀중한 존재이고 나와 분리된 인격체이다. 그러기에 아이의 마음을 현명하게 보듬어주어야 한다.

육아를 연습한 부모는 없다

부모의 한 사람으로서 아이 마음을 제대로 알고 올바르게 키우는 것이 쉽지 않다는 것을 느낀다. 책을 쓰면서 한 번씩 책에서 언급한 대로 100% 행하지 못하는 경우가 발생하면 나 스스로 갈등에 빠지곤 했다. 그때에는 잠자고 있는 두 딸의 얼굴을 한참 쳐다보았다. 그리고 자신에게 '나는 우리 아이들에게 몇 점이 되는 아빠인가?'라는 질문을 던졌다. 그러면서 슬그머니 얼굴에 미소를 띠면서 상위권에 속하는 아빠라고 스스로 생각했다. 아직은 초등학생이고 유치원생이지만 아빠와 함께 있는 것을 좋아하고 많은 것들을 공유하고 싶어 하기 때문이다. 무엇보다도 나는 아이들이 생각하는 것을 같이 공유하고 이해하려고 노력을 많이 한다.

하지만 군대를 제대하고 초임 교사 시절에는 학교에서 어린 학생들이 말이나 행동을 잘못하면 도대체 집에서 가정 교육을 어떻게 시키는지에 대한 의문을 가지고 학부모들의 무능함에 대해 속으로 지탄을 많이 했다. 특히 학부모 상담 주간에 학생들에 대해 상담을 하다가 보면 아이에 관해 많이 모르는 학부모들을 만나거나 아이에 의해 학부모가 좌지우지 되는 모습을 보면 더욱 학부모들의 무능함에 대해 한탄했다. 부모가 왜 아이들에게 휘둘리는지, 바로 잡지 못하는지 정말로 이해가 가지 않았다.

거의 15년이 지난 지금은 그 학부모들의 마음이 이해가 가고 진정으로 그들을 제대로 도와주지 못한 것에 대해 가슴이 아프다. 상담 전문가로서 전 생애적 관점으로 보면 학부모도 자신의 상처를 가지고 있고, 그 상처로 인해 아이도 상처를 가지고 있음을 알지 못한 것이다. 상담을 통해 유아, 아동, 청소년, 성인의 자녀를 가진 부모와 상담을 자주 하였다. 대부분의 부모들은 아이들의 탈선이나 잘못된 행동에 대해 분노와 원통함을 터트렸지만 궁극적으로 아이가 잘 되기를 바라며 올바르게 성장하기를 기대했다.

그 누구도 부모로서 육아를 연습한 적이 없다. 기껏해야 어린 시절 자신의 부모에게서 자신이 자라났던 환경을 떠올리며 의식적이든 무의식적이든 모방을 하여 양육을 하는 경우가 많다. 혹은 주변의 어른들이나 사람들의 양육 방식에 대한 조언을 듣고 그 방식을 자신의 육아에 접목시키는 것이다.

아이는 나와는 전혀 다른 존재인 것을 먼저 인식을 하고 부모인 내가 완전히 아이를 다룰 수 없다는 것을 인정해야 한다. 아이가 원하는 방향으로 잘 자라도록 도와주고, 나 또한 아이와 함께 성장하는 것이다. 많은 부모들이 상담 도중 "우리 아이가 예전에는 엄마 말도 잘 듣고 이야기도 많이 나누었는데, 요즘은 왜 그런지를 모르겠다."는 이야기를 많이 한다. 안타깝게도 부모가 간과한 것이 있다. 아이가 성장하는 것만큼 부모도 같이 성장을 해야 하는데 아이는 정신적, 신체적으로 성장을 하는데 부모는 아이가 어린 시절의 부모로 멈추어져 있는 것이다. 점차 부모와 아이가 바로 보는 세상의 각도가 다르게 되고, 서로를 이해하지 못하게 된다.

육아는 다름 아닌 부모를 성장시키는 또 다른 삶의 도전이며 방식이다. 단순하게 아이를 키운다는 개념이 아니라 아이를 이해하려는 노력과 부모 자신에 대한 자서전적 통찰이 필요하다. 부모의 육아에 대한 많은 공부와 학습은 아이를 개성이 있고 자존감이 높은 아이로 키울 수 있다.

이 책을 집필하면서 쓰다가 접고, 다시 펼치고를 몇 번 씩 반복했다. '나는 과연 잘 하고 있는가?', '나는 아이들을 잘 키우고 있는가?'를 고민한 것이다. 나 또한 육아가 처음이기에 실수가 있다. 하지만 아이들이 자신만의 색깔을 가지고 성장할 것이라는 것은 믿어 의심치 않는다. 나는 아이들을 이해하고 아이들이 바르게 자라도록 노력을 하고 있기 때문이다.

집에서는 아빠로서, 학교에서는 교수로서 영유아에 관한 공부를 지속적으로 하고 가르치고 있다. 이에 사정이 허락된다면 앞으로 두세 권의 육아에 관한 책을 더 쓰고 싶다. 아무튼 지금은 모든 것이 고맙고 특히 책을 끝까지 함께 읽어주었던 나의 영원한 반려자 은정에게 감사를 표한다.